MW00845263

Mitteilungen über Forschungsarbeiten.

Die bisher erschienenen Hefte enthalten:

Heft 1.

Bach: Untersuchungen über den Unterschied der Elastizität von Hartguß (abgeschrecktem Gußeisen) und von Gußeisen gewöhnlicher Härte.
—, Zur Frage der Proportionalität zwischen Dehnungen und Spannungen bei Sandstein.
—, Versuche über die Abhängigkeit der Festigkeit und Dehnung der Bronze von der Temperatur.
—, Versuche über das Arbeitsvermögen und die Elastizität von Gußeisen mit hoher Zugfestigkeit.
—, Versuche über die Druckfestigkeit hochwertigen Gußeisens und über die Abhängigkeit der Zugfestigkeit desselben von der Temperatur.
—, Untersuchung über die Temperaturverhältnisse im Innern eines Lokomobilkessels während der Anheizperiode.

Heft 2. vergriffen.

Stribeck: Kugellager für beliebige Belastungen.
Göpel: Die Bestimmung des Ungleichförmigkeitsgrades rotierender Maschinen durch das Stimmgabelverfahren.
Holborn und **Dittenberger:** Wärmedurchgang durch Heizflächen.
Lüdicke: Versuche mit einem Lufthammer.

Heft 3. vergriffen.

Meyer: Untersuchungen am Gasmotor.
Martens: Zugversuche mit eingekerbten Probekörpern.
Werkzeugstahl-Ausschuß Schnelldrehstahl.

Heft 4. vergriffen.

Bach: Versuche über die Abhängigkeit der Zugfestigkeit und Bruchdehnung der Bronze von der Temperatur.
Lindner: Dampfhammer-Diagramme.
Bach: Eine Stelle an manchen Maschinenteilen, deren Beanspruchung aufgrund der üblichen Berechnung stark unterschätzt wird.
Körting: Untersuchungen über die Wärme der Gasmotorenzylinder.
Claaßen: Die Wärmeübertragung bei der Verdampfung von Wasser und von wässrigen Lösungen.

Heft 5. vergriffen.

Bach: Die Elastizität der an verschiedenen Stellen einer Haut entnommenen Treibriemen.
Staus: Beitrag zur Wärmebilanz des Gasmotors.
Pfarr: Bremsversuche an einer New American Turbine.
Bach: Zur Frage des Wärmewertes des überhitzten Wasserdampfes.

Heft 6. vergriffen.

Schröder: Versuche zur Ermittlung der Bewegungen und Widerstandsunterschiede großer gesteuerter und selbsttätiger federbelasteter Pumpen-Ringventile.
Westberg: Schneckengetriebe mit hohem Wirkungsgrade.
Frahm: Neue Untersuchungen über die dynamischen Vorgänge in den Wellenleitungen von Schiffsmaschinen mit besonderer Berücksichtigung der Resonanzschwingungen.

Heft 7. vergriffen.

Stribeck: Die wesentlichen Eigenschaften der Gleit- und Rollenlager.
Schröter: Untersuchung einer Tandem-Verbundmaschine von 1000 PS.
Austin: Ueber den Wärmedurchgang durch Heizflächen.

Heft 8. vergriffen.

Langen: Untersuchungen über die Drücke, welche bei Explosionen von Wasserstoff und Kohlenoxyd in geschlossenen Gefäßen auftreten.
Meyer: Untersuchungen am Gasmotor.

Heft 9. vergriffen.

Lasche: Die Reibungsverhältnisse in Lagern mit hoher Umfangsgeschwindigkeit.
Dittenberger: Ueber die Ausdehnung von Eisen, Kupfer, Aluminium, Messing und Bronze in hoher Temperatur.
Bach: Die Elastizitäts- und Festigkeitseigenschaften der Eisensorten, für welche nach dem vorhergehenden Aufsatz die Ausdehnung durch die Wärme ermittelt worden ist.
—, Versuche zur Klarstellung der Verschwächung zylindrischer Gefäße durch den Mannlochausschnitt.

Heft 10.

Günther: Verfahren zur Gewinnung von Kupfer und Nickel aus kupfer- und nickelhaltigen Magnetkiesen.
Grübler: Versuche über die Festigkeit von Schmirgel- und Karborundumscheiben.
Klein: Reibungsziffern für Holz und Eisen.

Heft 11.

Schmidt: Untersuchungen über die Umlaufbewegung hydrometrischer Flügel.
Bach und **Roser:** Untersuchung eines dreigängigen Schneckengetriebes.
Frank: Neuere Ermittlungen über die Widerstände der Lokomotiven und Bahnzüge mit besonderer Berücksichtigung großer Fahrgeschwindigkeiten.
Bach: Abhängigkeit der Wirksamkeit des Oelabscheiders von der Beschaffenheit des den Dampfzylindern zugeführten Oeles.

Heft 12. vergriffen.

Lewicki: Die Anwendung hoher Ueberhitzung beim Betrieb von Dampfturbinen.

Heft 13.

Grießmann: Beitrag zur Frage der Erzeugungswärme des überhitzten Wasserdampfes und sein Verhalten in der Nähe der Kondensationsgrenze.
Diegel: Der Einfluß von Ungleichmäßigkeiten im Querschnitte des prismatischen Teiles eines Probestabes auf die Ergebnisse der Zugprüfung.
Schimanek: Versuche mit Verbrennungsmotoren.
Stribeck: Der Warmzerreißversuch von langer Dauer. Das Verhalten von Kupfer.

Heft 14 bis 16. vergriffen.

Berner: Die Erzeugung des überhitzten Wasserdampfes

Heft 17.

Meyer: Versuche an Spiritusmotoren und am Diesel-Motor.
Pfarr: Bremsversuche an einer Radialturbine.
Bach: Versuche mit Granitquadern zu Brückengelenken

Heft 18.

Schlesinger: Die Passungen im Maschinenbau.
Brauer: Leistungsversuche an Linde-Maschinen.
Büchner: Zur Frage der Lavalschen Turbinendüsen.

Heft 19.

Schröter und **Koob:** Untersuchung einer von Van den Kerchove in Gent gebauten Tandemmaschine von 250 PS.
Gutermuth: Versuche über den Ausfluß des Wasserdampfes.
—, Die Abmessungen der Steuerkanäle der Dampfmaschinen.
Strahl: Vergleichende Versuche mit gesättigtem und mäßig überhitztem Dampf an Lokomotiven.

Heft 20.

Bach: Versuche mit Sandsteinquadern zu Brückengelenken.
Stahl: Untersuchung des Auslaufweges elektrischer Aufzüge.

Heft 21.

Berner: Die Fortleitung des überhitzten Wasserdampfes
Knoblauch, Linde, Klebe: Die thermischen Eigenschaften des gesättigten und des überhitzten Wasserdampfes zwischen 100° und 180° C. I. Teil.
Linde: Die thermischen Eigenschaften des gesättigten und des überhitzten Wasserdampfes zwischen 100° und 180° C. II. Teil.
Lorenz: Die spezifische Wärme des überhitzten Wasserdampfes.

Mitteilungen

über

Forschungsarbeiten

auf dem Gebiete des Ingenieurwesens

insbesondere aus den Laboratorien
der technischen Hochschulen

herausgegeben vom

Verein deutscher Ingenieure.

Heft 81.

Springer-Verlag Berlin Heidelberg GmbH

ISBN 978-3-662-01699-2 ISBN 978-3-662-01994-8 (eBook)
DOI 10.1007/978-3-662-01994-8

Inhalt.

Untersuchungen über Knickfestigkeit.

Von **Theodor von Kármán.**

Einleitung.

Die Eulersche Theorie der Knickfestigkeit durch Druck beanspruchter langer zylindrischer Stäbe sucht die Stabilität des elastischen Gleichgewichtes im Falle eines gleichmäßigen parallelen Spannungszustandes festzustellen. Da der Untersuchung die Bedingung eines vollkommen elastischen Stoffes zugrunde gelegt wird, läßt sich im voraus erwarten, daß die der Theorie entnommene sogenannte »Knikkungsformel« nur insoweit brauchbare Werte liefert, als diese Bedingung wenigstens annähernd erfüllt ist. Dies ist nun bei sehr schlanken Stäben tatsächlich der Fall, insofern die Knickung bei Druckbeanspruchungen erfolgt, die unterhalb der Elastizitätsgrenze des Stoffes liegen. Bei diesen verhältnismäßig sehr langen Stäben ruft die Knickung erst eine fast rein federnde Ausbiegung hervor; bei weiterer Belastung geht diese Ausbiegung freilich in eine bleibende Verkrümmung des Stabes über; da jedoch der Vorgang bis zu ziemlich großen Ausbiegungen den Charakter einer elastischen Erscheinung trägt, möchte ich diesen Fall als elastische Knickung bezeichnen.

Bei demselben Stoff und denselben Querschnittabmessungen hängt die Knicklast nur von der »freien Länge« des Stabes ab; läßt man die letztere abnehmen, so kommt man zu einer Grenze, wo die »Knickspannung« — d. h. die gleichmäßige Druckbeanspruchung, bei der das Gleichgewicht labil wird — die Elastizitätsgrenze erreicht. Bei kürzeren Stäben ist der Stoff schon im Augenblicke der Knickung nicht mehr rein elastisch; die Ausknickung ruft sofort beträchtliche bleibende Ausbiegungen hervor, so daß man in diesem Falle von unelastischer Knickung sprechen dürfte.

Der Fall der verhältnismäßig kürzeren Stäbe ist praktisch nicht weniger wichtig als der der sehr langen, da zahlreiche Konstruktionsteile der Bau- und Maschinentechnik in diese Gruppe fallen. Da die Eulersche Formel in diesem Falle keine brauchbaren Werke zu liefern vermag, wurde eine Reihe mehr oder weniger empirischer Formeln aufgestellt, die die Abhängigkeit der Knicklast von Querschnittabmessungen und Länge des Stabes ausdrücken. Zurzeit werden in der Praxis hauptsächlich die rein empirischen Formeln Tetmajers benutzt, denen sehr zahlreiche und sorgfältig durchgeführte Versuche zugrunde liegen. Während Tetmajer für sehr lange Stäbe die Eulersche Formel durch seine Versuche ziemlich gut bestätigt findet, verzichtet er vollkommen auf eine theoretische Verfolgung der Knickerscheinungen kürzerer Stäbe, die in den Bereich der unelastischen Knickung gehören.

Die vorliegende Arbeit ist hauptsächlich diesem letzteren Falle gewidmet; insbesondere habe ich mir die Aufgabe gestellt, durch Versuche zu untersuchen, ob die Knicklast — ähnlich wie es für die elastische Knickung durch die Eulersche Theorie geschieht — aus dem Verhalten des Stoffes gegen reine Druckbeanspruchung ermittelt werden kann.

Als wichtigstes Ergebnis will ich im voraus anführen, daß man unter gewissen, einfachen Annahmen, die später erörtert werden sollen, zu einer der Eulerschen ganz ähnlichen Formel für die Knicklast gelangen kann und daß diese Formel durch die Versuche gut bestätigt wurde.

Auf die Möglichkeit einer Erweiterung der Eulerschen Theorie in diesem Sinne wurde in der technischen Literatur mehrmals hingewiesen, zuerst von Engesser[1]) im Jahre 1889; jedoch aus Mangel zuversichtlicher Versuche bezüglich des Verhaltens des Stoffes gegen reinen Druck mußte er sich damit begnügen, eine annähernde Aehnlichkeit zwischen den theoretisch gewonnenen Gesetzmäßigkeiten und Tetmajers empirischen Formeln nachzuweisen. Es wurden überhaupt Versuche unmittelbar zu dem Zwecke, die Gesetzmäßigkeit der Knickfestigkeit aus dem Verhalten des Stoffes gegen Druck abzuleiten, bisher — meines Wissens — nicht gemacht.

Die gestellte Aufgabe machte parallele Druck- und Knickversuche an Stäben von demselben Stoff nötig, über die später einzeln berichtet wird. Diese Versuche gaben auch Gelegenheit

a) den Einfluß einer genauen Zentrierung des Stabes,

b) den Verlauf des Knickungsvorganges nach Ueberschreiten der Höchstlast weiter zu untersuchen. Obwohl für beide Punkte einzelne Beobachtungen gewiß vorliegen, glaube ich dazu beitragen zu können, da ich einerseits durch besondere Versuchseinrichtungen die theoretischen Bedingungen besser verwirklichen konnte, als dies bei den meisten in technischen Versuchsanstalten zu praktischen Zwecken unternommenen Versuchen der Fall gewesen war, und anderseits die Vorgänge mit Hülfe meiner parallelen Druckversuche rechnerisch verfolgen konnte.

Sowohl bei dem theoretischen wie bei dem experimentellen Teile meiner Arbeit wurden mir seitens des Hrn. Prof. Dr. L. Prandtl, Direktors des Institutes für angewandte Mechanik in Göttingen, manche Anregungen und wertvolle Unterstützung zu teil.

I. Versuchseinrichtungen und Versuchsverfahren.

1) Festigkeitsmaschine.

Alle Versuche wurden an der hydraulischen 150 t-Presse des Institutes für angewandte Mechanik an der Universität Göttingen durchgeführt (s. Fig. 1). Da diese stehende Maschine höchstens etwa 1 m freie Länge für die Knickstäbe zuläßt, durften die Querschnittabmessungen nicht allzu groß gewählt werden; dies machte wieder eine ziemlich feine Kraftmessung notwendig. Zu diesem Zwecke wurde die

[1]) Die in Engessers erster Arbeit (Zeitschr. d. Hann. Ing.- u. Arch.-Ver. Bd. 35 (1889) S. 455) gegebene Lösung ist nicht einwandfrei; von Jasinsky darauf aufmerksam gemacht, berichtigte er seine erste Lösung in einer Arbeit von 1895 (Schweizer. Bauzeitung Bd. 26 S. 24). Bei der Drucklegung meiner Dissertation war mir nur die erste Engessersche Arbeit bekannt, und so beziehen sich meine Bemerkungen und meine Kritik auf S. 46 der Dissertation selbstverständlich nur auf diese.

Maschine mit einer 45 t-Meßdose ausgerüstet; das an der Dose angebrachte Manometer ließ etwa 150 kg in der Drucklast noch unmittelbar ablesen und daher etwa 30 bis 15 kg noch abschätzen. Außerdem war ein feineres Manometer an der Meßdose angebracht, welches Lasten bis etwa 9 t zeigte und den fünften Teil der

Fig. 1. Festigkeitsmaschine mit der Versuchseinrichtung.

oben genannten Größen ablesen bezw. abschätzen ließ. Der Umstand, daß die Festigkeitsmaschine stets nur bis zu 20 vH ihrer Leistung belastet war, kam der Messung insofern zugute, als eine Ausbiegung der Säulen und daraus entstehender exzentrischer Kraftangriff viel weniger zu befürchten war.

2) Einspannvorrichtung.

Bei der Konstruktion der Einspannvorrichtung kam es hauptsächlich darauf an, daß sie

a) die Stäbe während des Versuches vollständig festhalten, d. h. jegliches Rutschen an der Druckplatte verhindern,

b) eine feine Einstellung der Stabmittellinie in die Linie des Kraftangriffes ermöglichen soll.

Die Konstruktionszeichnung der Einspannvorrichtung (nach meiner Zeichnung von der Mannheimer Maschinenfabrik Mohr & Federhaff ausgeführt) ist in Fig. 2 wiedergegeben. Da nur Stäbe mit viereckigem Querschnitt zu den Versuchen verwendet wurden und so die Richtung der Ausknickung — wenn auch nicht der Sinn — im voraus bestimmt war, so konnten die Knickstäbe zwischen Schneiden statt Spitzen gefaßt werden. Schneiden und Pfannen wurden aus Stahl angefertigt und gehärtet; ihre Höchstbelastung bei den Versuchen betrug etwa 400 kg/cm.

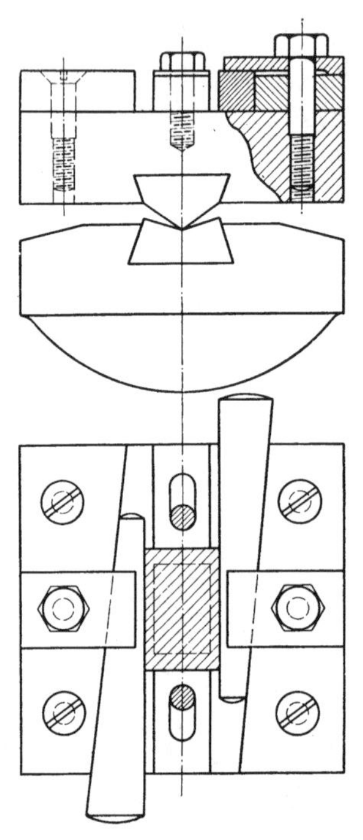

Fig. 2. Einspannvorrichtung zu Knickversuchen.

Zum Festhalten und Einstellen der Knickstäbe sind die Einfassungsschuhe mit Keilen versehen; gegen etwaiges Rutschen in der Längsrichtung des Querschnittes dienen verschiebbare kleinere Klötze.

Die beschriebene Versuchseinrichtung bietet hauptsächlich den Vorteil, daß die Keile die Nachstellung der Stäbe noch unter einer gewissen, nicht allzu großen Belastung ermöglichen. Die Stäbe wurden vor den eigentlichen Versuchen etwa bis zur Hälfte der zu erwartenden Höchstlast — bei kürzeren Stäben so weit, daß man nicht Gefahr lief, die Elastizitätsgrenze zu überschreiten — belastet und die Ausbiegung der Stabmitte vermerkt. Nach mehrmaligem Entlasten und Nachstellen — wobei der Stab stets unter einer geringen Last festgehalten bleiben konnte — hat man erreichen können, daß die Ausbiegung bei der erwähnten Probebelastung zuletzt auf einen kaum merklichen Betrag vermindert wurde. Erst daraufhin wurde der eigentliche Versuch vorgenommen.

Eine nachstellbare Einfaßvorrichtung zu Knickversuchen hat meines Wissens Considere[1]) angewendet. Ferner ist es Prandtl bei den in seiner Dissertation[2])

[1]) Considère, Congrès international des procédés de construction 1891 S. 371 u. ff.

[2]) Prandtl, Kipperscheinungen. Diss. München 1899.

wiedergegebenen Versuchen gelungen, durch sorgfältige Einstellung mit der Hand bei freilich sehr dünnen Stäben der theoretischen Forderung (kaum merkliche Ausbiegung bis zur Nähe der kritischen Last) sehr nahe zu kommen, und dies gab mir hauptsächlich die Anregung, auf die richtige Zentrierung der Stäbe großes Gewicht zu legen. Da Considère nur die Knicklasten angibt, jedoch nichts über den Verlauf der Versuche mitteilt, so kann ich meine Versuche in dieser Hinsicht nur mit denen einiger andrer Forscher vergleichen. In Fig. 3 ist der Zusammenhang der Belastung und der relativen Ausbiegung (als relative Ausbiegung wird das Verhältnis der

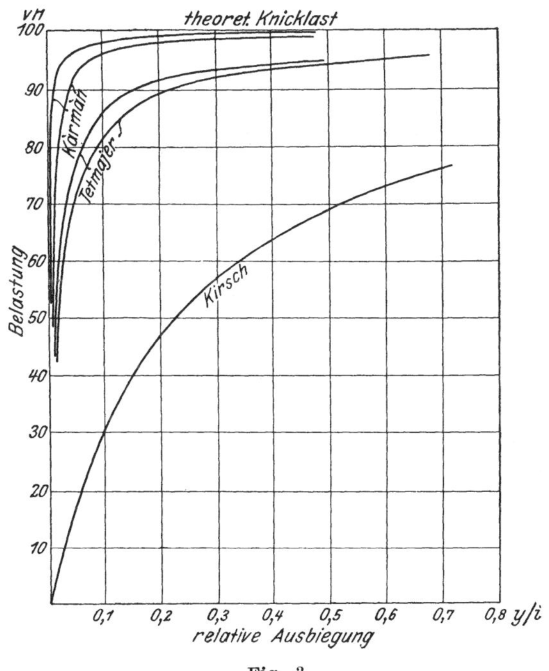

Fig. 3.

Ausbiegung in der Stabmitte zum Trägheitshalbmesser des Stabquerschnittes betrachtet) in stark vergrößertem Maßstabe dargestellt, und zwar nach Versuchen von Tetmajer[1]), von Kirsch[2]) und von mir; man sieht, daß sich meine Versuche noch bedeutend besser dem theoretischen Vorgang anschmiegen, als es bei den sonst sehr sorgfältig durchgeführten Tetmajerschen Versuchen der Fall war. Hrn. Kirschs Einwände gegen die Eulersche Theorie sind meiner Ansicht nach einfach darauf zurückzuführen, daß bei seinen Versuchen die Voraussetzungen der Theorie nicht einmal annähernd erfüllt waren.

An dieser Stelle müssen zwei Fehlerquellen erwähnt werden, die mit der Anordnung der Einspannstücke zusammenhängen.

a) Der erste Fehler wird dadurch begangen, daß als freie Länge der Abstand der Schneiden betrachtet wird und so die fast starren Einfassungsschuhe zu der elastischen Linie mitgerechnet werden. Der so begangene Fehler kann jedoch leicht abgeschätzt werden:

---

[1]) v. Tetmajer, Die Gesetze der Knickungs- und der zusammengesetzten Druckfestigkeit der technisch wichtigsten Baustoffe. Wien 1903. Versuche Nr. 15 und 16 (S. 38 u. ff.).

[2]) B. Kirsch, Ergebnisse von Versuchen über die Knickfestigkeit von Säulen mit fest eingespannten Enden. Z. d. V. d. I. 1905 S. 907. — Das Beispiel bezieht sich auf Versuch 4 mit Spitzenlagerung; bei den übrigen Versuchen scheinen die Stäbe noch weniger gut zentriert gewesen zu sein.

Betrachtet man den Stab von der Gesamtlänge AB, Fig. 4, mit den starren Enden AP und QB in einem unter der Last leicht ausgebogenen Zustande, so besteht die Biegungslinie aus den beiden geraden Teilen AP und QB und dem Sinusbogen PQ, und es ist leicht zu zeigen, daß der Stab unter derselben Last aus-

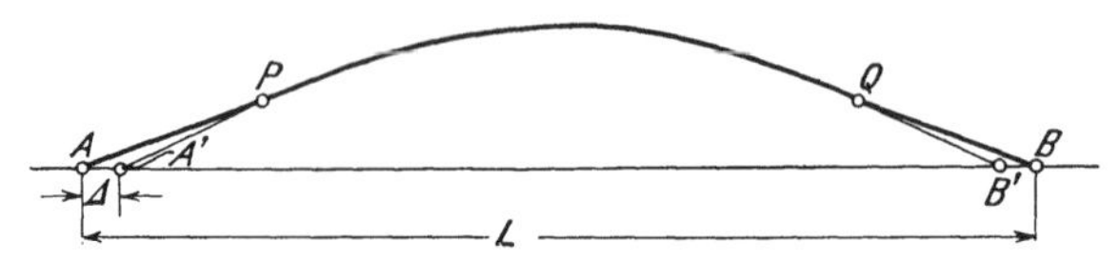

Fig. 4. Einfluß der starren Enden.

knicken wird, die den vollkommen biegsamen Stab $A'B'$ zur Knickung bringt. Die beiden elastischen Linien decken sich vollständig zwischen den Punkten P und Q, und an diese gemeinschaftlichen Teile setzen sich die geraden Enden berührend an.

Schreibt man

$$\varphi = \pi \frac{AP}{AB},$$

so verhält sich AB zu AP annähernd wie $\operatorname{tg} \varphi : \varphi$, und man hat für die Berichtigung Δ, die man an jedem Ende des Stabes in Abzug bringen muß, um die richtige freie Länge zu erhalten,

$$\Delta = L \frac{\operatorname{tg} \varphi - \varphi}{\pi},$$

oder falls man sich bei dem Tangens auf die ersten zwei Glieder beschränkt,

$$\Delta = \frac{\pi^2}{3} L \left(\frac{AP}{AB}\right)^3.$$

Die nachfolgende Zahlentafel 1 gibt die Berichtigungen in Prozenten von der Gesamtlänge L an für verschiedene Werte von $\frac{PA}{AB}$.

Die hier angestellte Betrachtung gilt streng nur für den Fall der elastischen Knickung; bei der unelastischen Knickung wird jedoch die Berichtigung noch geringer, da die Biegungslinie von der Sinuskurve in dem Sinne abweicht, daß sich die Krümmung auf die Mitte beschränkt und die Stabenden noch besser der Tangente anschmiegen.

Zahlentafel 1.

Länge des starren Teiles in vH der Stablänge	Berichtigung vH
1	—
2	0,02
5	0,04
10	0,3
15	1,1
20	2,6
25	5,1

b) Ein andrer Fehler kommt dadurch zustande, daß die Reibung in den Schneidepfannen nicht vollständig beseitigt werden kann. Dies ist der Grund, warum einige Knicklastwerte zu hoch kommen. Die theoretische Knicklast — wie sie z. B. durch die Eulersche Formel angegeben wird — bildet eine obere Grenze, und so dürften Abweichungen nur in dem einen Sinne: nach unten, jedoch nicht auch nach oben, vorkommen. Trotzdem kann diese Reibung nicht allzu großen Einfluß haben, da die Abweichungen von der Eulerschen Formel im elastischen Bereiche höchstens 1 bis 1,5 vH ausmachen; nur in einem einzigen Falle beträgt die Abweichung etwa 3 vH. Es ist zu bemerken, daß bei Knickversuchen Abweichungen von 10 bis 15 vH nicht zur Seltenheit gehören.

3) Meßgeräte.

a) Druckversuche. — Die Druckversuche wurden mit Hülfe des Martensschen Spiegelapparates durchgeführt. Da die Meßlänge 50 mm betrug, so konnten die Ablesungen, ohne die Spiegel zu wechseln, in den Bereich der bleibenden Formänderungen bis 2 vH Verkürzung fortgesetzt werden.

b) Knickversuche. — Die Ausbiegung in der Stabmitte wurde an einem Bauschingerschen Rollenapparate abgelesen. Er hatte drei Rollen, so daß die Uebersetzungen $^1/_5$, $^1/_{10}$, $^1/_2$ betrugen. Bei Verwendung der mittleren Rolle, die ich stets benutzte, konnten 0,1 mm an der Skala und 0,01 mm am Nonius abgelesen werden. Eigentlich dürfte jedoch meiner Ansicht nach die Empfindlichkeit dieser Apparate nicht überschätzt werden. Bei den Versuchen kam es nicht darauf an, die Ausbiegungen genau auszuwerten, sondern es handelte sich mehr um eine Abschätzung der anfänglichen Exzentrizität und um eine Beschreibung des Knickvorganges. Dementsprechend wurde auch auf die Anbringung besonderer Meßgeräte zur Feststellung etwaiger kleiner Verschiebungen der Stabenden verzichtet. Diese Verschiebungen spielen bei den gewöhnlichen Knickversuchsanordnungen eine bedeutende Rolle, da die Pfannen meistens an den Druckplatten frei rutschen können. Dies war jedoch bei meiner Anordnung nicht der Fall. Wie ich feststellte, betrugen die Verschiebungen, die namentlich bei dem unteren Einspannstücke vorkamen, bei den höchsten Belastungen 0,01 bis 0,02 mm, so daß es wirklich nicht der Mühe wert erschien, dies zu berücksichtigen, besonders da es ohnehin kaum möglich ist, die anfänglich äußerst kleinen Ausbiegungen von Punkt zu Punkt rechnerisch zu verfolgen.

4) Versuchstücke.

Als Versuchstücke dienten 6 kurze Druckstäbe und 25 Knickstäbe. Außerdem wurden von den Enden der beiden längsten Knickstäbe Stücke von etwa 100 mm Länge abgeschnitten und als Druckstäbe verwendet.

Alle diese Stäbe — die die Firma Fried. Krupp in Essen dem Institute für angewandte Mechanik freundlichst zur Verfügung gestellt hat — sind aus einem geschmiedeten Martinstahlblock von den Abmessungen 200 × 200 mm ausgeschnitten worden. Die chemische Zusammensetzung des Stahls ist durch folgende Analyse gegeben:

C	0,49 bis 0,50 vH	S	0,028 bis 0,029 vH
Si	0,34 » 0,35 »	Cu	0,07 »
Mn	0,55 » 0,56 »	Ni	0,2 »
P	0,045 »	Cr	0,05 »

Die Figuren 5 und 6 zeigen das Spannungsdiagramm für den Zug- und den Druckversuch. Die Zugfestigkeit beträgt 6800 kg/qcm. Die Bruchdehnung beträgt 16,7 vH und die Kontraktion 36 vH. Der Elastizitätsmodul (gegen Druck) beträgt im Mittel $E = 2170$ t/qcm. Die Ergebnisse von 6 Druckversuchen sind in Zahlentafel 2 wiedergegeben.

Die Druckstäbe hatten die Abmessungen 30 × 30 × 90 mm; die Abmessungen der Knickstäbe sind in Zahlentafel 3 zusammengestellt. Alle Stäbe waren auf der Hobelbank recht genau bearbeitet.

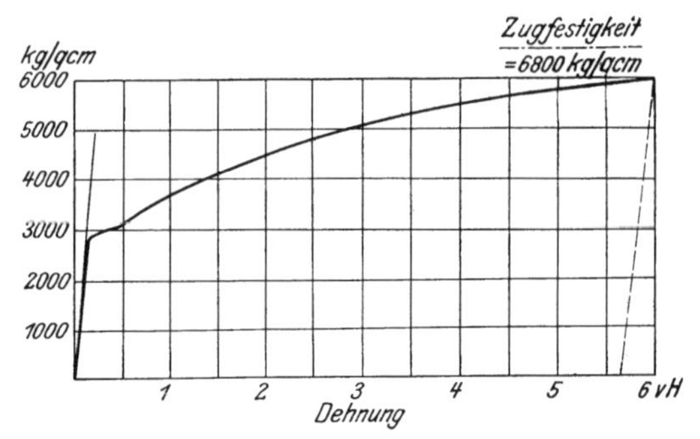

Fig. 5. Zugversuchsdiagramm.

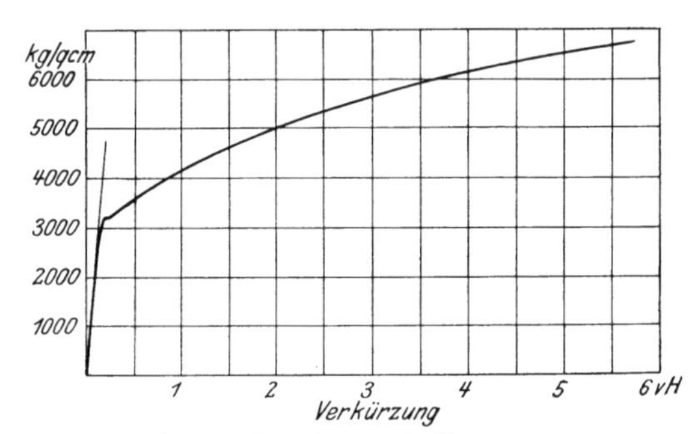

Fig. 6. Druckversuchsdiagramm.

Zahlentafel 2.
Bestimmung des Elastizitätsmoduls mittels Druckversuche.

Nr.	Länge mm	Querschnitt mm	Elastizitätsmodul t/qcm
I	90	30,1 × 30,1	2150
II	90	30,2 × 30,1	2150
III	90	30,1 × 30,1	2170
IV	90	30,2 × 18,1	2170
V	90	30,1 × 18,1	2200
VI	90	30,1 × 18,1	2190
			Mittel 2170

Zahlentafel 3.
Abmessungen der Knickstäbe.

Nr.	Länge mm	Querschnitt qmm	Nr.	Länge mm	Querschnitt qmm
1	837	18,2 × 30,1	10 a)	345	25,05 × 40,05
2	685	18,1 × 30,1	10 b)	345	25,05 × 40,05
3 a)	530	18,1 × 30,1	11	202	18,1 × 30,0
3 b)	529,5	18,05 × 30,05	12 a)	270	25,1 × 40,05
4 a)	460	18,1 × 30,05	12 b)	270	25,05 × 40,1
4 b)	460	18,0 × 30,05	13	169	18,1 × 30,0
5	419	18,05 × 30,05	14 a)	200	25,1 × 40,0
6	400,5	18,1 × 30,05	14 b)	200	25,1 × 40,0
7 a)	537,5	25,0 × 40,0	15 a)	130	25,1 × 40,1
7 b)	537,5	25,05 × 40,0	15 b)	130	25,1 × 40,05
8	300	16,0 × 30,0	16	101	25,0 × 40,0
9 a)	450	25,1 × 40,0	17	81	25,0 × 40,0
9 b)	450	25,05 × 40,05			

II. Theorie der Knickung für Stoffe mit beliebigem Formänderungsgesetz.

(Unelastische Knickung.)

1) Bevor ich in eine theoretische Behandlung des nichtelastischen Knickungsvorganges eingehe, will ich die Ergebnisse der entsprechenden Untersuchungen für den elastischen Fall kurz zusammenfassen.

Die Differentialgleichung für die Mittellinie des durch die axiale Kraft P leicht gebogenen Stabes lautet im Falle einer Spitzen- oder Schneidenlagerung

$$IE\frac{d^2y}{dx^2} + P(y+y_a) = 0 \quad \ldots \ldots \ldots \quad (1),$$

wobei

I das kleinste Trägheitsmoment des Stabquerschnittes,
E den Elastizitätsmodul des Stoffes,
y die Ordinate der ausgebogenen Mittellinie im Abstande x,
y_a die anfängliche Exzentrizität der Last in bezug auf die gerade Schwerpunktlinie bedeutet.

Zu der Differentialgleichung (1) kommen noch die Grenzbedingungen $y = 0$ für $x = 0$ und $x = l$; alsdann haben wir folgende Lösungen:

a) Im Falle $y_a = 0$, d. h. bei vollkommener Zentrierung

α) die Gerade $y = 0$ für alle Werte von P,

β) die Sinuslinie $y = A\sin\left(\pi\frac{x}{l}\right)$ für einzelne Eigenwerte des Parameters P,

welche in der Formel

$$P = m^2\pi^2\frac{IE}{l^2} \quad \ldots \ldots \ldots \quad (2)$$

enthalten sind (wobei m eine beliebige positive ganze Zahl bedeutet). Die Integrationskonstante A bleibt dabei unbestimmt.

b) Im Falle $y_a > 0$ ergibt sich für y

$$y = y_a\left\{\frac{\cos k\left(x-\frac{l}{2}\right)}{\cos\left(\frac{kl}{2}\right)} - 1\right\} \quad \ldots \ldots \ldots \quad (3)$$

und somit für $x = \frac{l}{2}$, d. h. für die Stabmitte

$$y_m = y_a\left(\frac{1}{\cos\frac{kl}{2}} - 1\right) \quad \ldots \ldots \ldots \quad (3\,a),$$

wo k die Größe $\sqrt{\frac{P}{IE}}$ bezeichnet.

Werden P und y_m als Koordinaten aufgetragen, so erhält man für verschiedene Exzentrizitäten (y_a) die in Fig. 7 dargestellte Kurvenschar (vergl. dazu die Versuchskurven in Fig. 3). Die Kurven haben als gemeinschaftliche Asymptote die wagerechte Gerade $P = P_k = \pi^2\frac{IE}{l^2}$, entsprechend der kleinsten kritischen Knicklast im Falle vollkommener Zentrierung.

Die Lösungen, welche man im Bereiche oberhalb dieses ersten kritischen Wertes erhalten kann, sind praktisch belanglos, da man in diesen Bereich nur durch künstliche Verhinderung der Ausbiegung gelangen könnte; es braucht deshalb in ihre Diskussion nicht eingegangen zu werden. Für praktische Zwecke ergibt sich daher die Formel für die Knicklast ($m = 1$)

$$P_k = \pi^2 \frac{IE}{l^2} \quad \ldots \ldots \ldots \ldots \quad (4\,a)$$

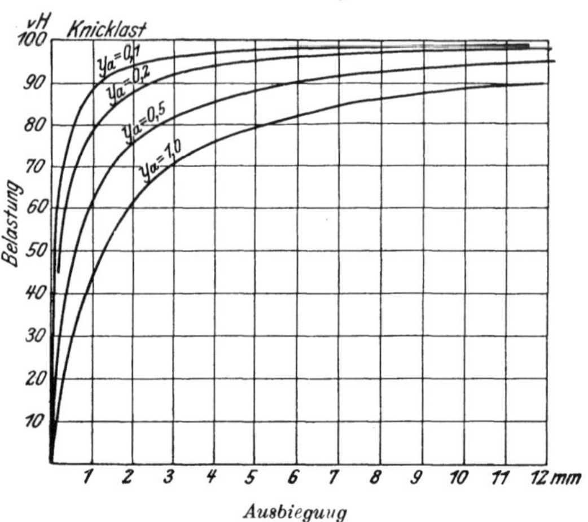

Fig. 7. Ausbiegung vollkommen elastischer Stäbe.

und für die Knickspannung — mit $i^2 = \frac{I}{F}$ (i gleich dem »Trägheitshalbmesser« des Querschnittes F) —

$$\sigma_k = \pi^2 \frac{E}{\left(\frac{l}{i}\right)^2} \quad \ldots \ldots \ldots \ldots \quad (4\,b).$$

Das Verhältnis $\left(\frac{l}{i}\right)$, von dem die Knickspannung bei demselben Stoff allein abhängt, wird schlechthin als »Schlankheit« bezeichnet.

Die durch Gl. (3 a) dargestellten Kurven, Fig. 7, können mit guter Annäherung durch Hyperbeln ersetzt werden; dadurch können z. B. zu Versuchskurven — wie sie in Fig. 3 dargestellt sind — mit ziemlicher Sicherheit Asymptoten konstruiert werden[1]). Ich will noch bemerken, daß bei etwa $P = 0{,}4\ P_k$ (d. h. als die Belastung 40 vH der Knicklast beträgt), $y_m = y_a$ wird, so daß dadurch sehr kleine, unmittelbar nicht meßbare Exzentrizitäten (y_a) aus dem Verlaufe des Versuches ermittelt bezw. abgeschätzt werden können.

---

[1]) In einfachster Weise gewinnt man z. B. die Asymptoten, deren Richtung bekannt ist, aus drei Punkten 1, 2, 3 der Hyperbel, Fig. 8, indem man durch 1 und 3 eine Wagerechte

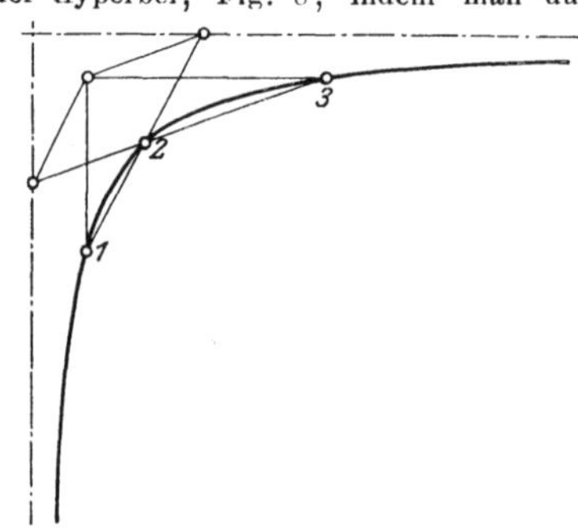

Fig. 8. Asymptotenkonstruktion.

bezw. Senkrechte zieht und durch den Schnittpunkt derselben Parallelen zu $\overline{12}$ resp. $\overline{23}$ zeichnet. Die Schnittpunkte dieser Parallelen mit $\overline{23}$ resp. $\overline{12}$ liefern je einen Punkt der zwei Asymptoten.

2) Für den unelastischen Fall. Da die Gültigkeit des einfachen Proportionalitätsgesetzes aufhört, sind die Rechnungen weit verwickelter. Ist jedoch das Formänderungsgesetz für den Stoff durch Druckversuche bekannt, so kann man — allerdings nur für gegebene Werte der mittleren Druckspannung — die möglichen Gleichgewichtgestalten des leicht gebogenen Stabes graphisch oder rechnerisch ermitteln. Diese Aufgabe soll unter den Annahmen gelöst werden, daß

a) bei schwachen Biegungen eines geraden Stabes den Dehnungen (Verkürzungen) der einzelnen Faser dieselben Spannungen entsprechen — und zwar auch über die Elastizitätsgrenze hinaus —, welche diese Dehnungen bei reinem Druck- oder Zugversuchen hervorrufen,

b) die Dehnungen (Verkürzungen) der Faser eines leicht gebogenen Stabes angenähert durch den Ansatz sich berechnen lassen, daß die ebenen Querschnitte eben bleiben.

Beide Annahmen bilden eine Erweiterung der üblichen Näherungstheorie für Biegung eines geraden Stabes. Die Möglichkeit einer ähnlichen Erweiterung für Formänderungen über die Elastizitätsgrenze hinaus wurde in letzter Zeit von E. Meyer[1]) durch eigens zu diesem Zwecke veranstaltete Versuche nachgewiesen, und zwar für viel größere Ausbiegungen, als sie hier in Frage kommen. Die erste Annahme ist außerdem an und für sich einleuchtend; daß im Mangel andrer Grundlagen die Annahme der eben bleibenden Querschnitte benutzt wird, mag damit begründet werden, daß sie für gleichmäßige Biegung durch ein gleichbleibendes Moment streng zutrifft und daher in Fällen, wo das Biegungsmoment längs des Stabes sich verhältnismäßig langsam ändert, als Annäherung noch zugelassen werden kann.

Denkt man sich nun den Stab durch eine Kraft $P = F\sigma_m$ gleichmäßig zusammengedrückt und dann leicht ausgebogen, so ergibt sich auf Grund der erwähnten Annahmen folgende Spannungsverteilung: es gibt eine gerade Linie in jedem Querschnitte — ich will sie als »neutrale Achse«[2]) bezeichnen —, längs deren die Spannung σ_m unverändert bleibt; an einer Seite dieser Achse wird nun die Spannung durch die Biegung vermehrt, es gilt daher das durch die Druckversuche ermittelte Formänderungsgesetz; auf der andern Seite dagegen entsteht eine Entlastung, und da bei der Entlastung nur die elastischen Formänderungen rückgängig werden, so gilt hier das einfache Proportionalitätsgesetz.

Unter der Annahme einer solchen Spannungsverteilung — wie sie z. B. in Fig. 9 gezeichnet ist — sind die folgenden Berechnungen und graphischen Verfahren durchgeführt worden.

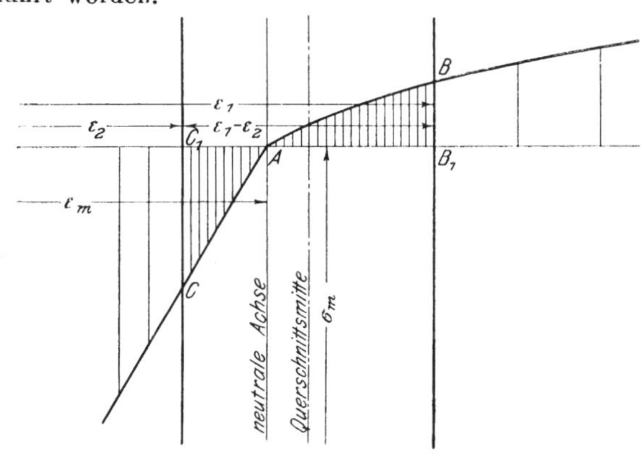

Fig. 9. Spannungsverteilung.

[1]) Eugen Meyer, Die Berechnung der Durchbiegung von Stäben, deren Material dem Hookeschen Gesetze nicht folgt. (Zeitschrift des Vereines deutscher Ingenieure 1908 S. 167.)

[2]) Die Bezeichnung entspricht insofern nicht dem üblichen Sprachgebrauch, als diese »neutrale Achse« nicht spannungsfrei ist; ihre Fasern erhalten eben nur keine Spannungsänderung infolge der Biegung.

3) Wird der Stab unter der axialen Kraft P mit der anfänglichen Exzentrizität y_a leicht gebogen, so hat man für jeden Querschnitt die beiden Gleichgewichtbedingungen

$$\int_{[F]} \sigma\, dF = P \quad \ldots\ldots\ldots\ldots \quad (5\,a)$$

$$\int_{[F]} \sigma z\, dF = P(y + y_a) \quad \ldots\ldots\ldots \quad (5\,b)$$

zu erfüllen (F bedeutet die Querschnittfläche, z den Abstand der einzelnen Faser von der oben näher bezeichneten »neutralen Achse«), welche aussagen, daß die Resultierende der Spannungen der äußeren Kraft und das Moment der Spannungen dem Momente der Kraft P das Gleichgewicht hält. Auf Grund der im vorigen Abschnitt angeführten Voraussetzungen kommt einerseits die erwähnte Beziehung zwischen Spannung und Formänderung dazu, welche ich einfach durch

$$\sigma = f(\varepsilon) \quad \ldots\ldots\ldots\ldots \quad (5\,c)$$

andeuten will; anderseits darf man — gemäß der Annahme eben bleibender Querschnitte —, falls die Dehnung zu der »neutralen« Faser ε_m beträgt,

$$\varepsilon - \varepsilon_m = \frac{z}{\varrho} \quad \ldots\ldots\ldots\ldots \quad (5\,d)$$

schreiben, so daß die Dehnungen der einzelnen Faser durch den Krümmungshalbmesser ϱ, welcher für kleine Ausbiegungen für alle Fasern gleich gesetzt werden kann, schon bestimmt sind.

Wir wollen uns zunächst auf rechteckige Querschnitte (von der Höhe h und Breite b) beschränken. Alsdann dürfen wir schreiben — falls die Dehnungen in den äußersten Fasern mit ε_1 und ε_2 bezeichnet werden,

$$\frac{1}{\varrho} = \frac{\varepsilon_2 - \varepsilon_1}{h} \quad \ldots\ldots\ldots\ldots \quad (6\,a),$$

$$\varepsilon - \varepsilon_m = \frac{z}{h}(\varepsilon_2 - \varepsilon_1)$$

und die Gleichungen (5 a) und (5 b) erhalten die Form

$$bh \int_{\varepsilon_1}^{\varepsilon_2} \sigma(\varepsilon)\, d\varepsilon = P \quad \ldots\ldots\ldots\ldots \quad (6\,b)$$

und

$$bh^2 \frac{\int_{\varepsilon_1}^{\varepsilon_2} \sigma(\varepsilon)(\varepsilon - \varepsilon_m)\, d\varepsilon}{(\varepsilon_2 - \varepsilon_1)^2} = P(y + y_a) \quad \ldots\ldots \quad (6\,c).$$

Die Gleichungen (6 a) bis (6 c) lösen vollständig die Aufgabe.

Gl. (6 b) bestimmt eine Reihe von Spannungsverteilungen mit der mittleren Spannung $\sigma_m = \frac{P}{F}$, so daß alle in den einzelnen Querschnitten längs des gebogenen Stabes auftretenden Spannungsverteilungen darin enthalten sein müssen. Zu jeder solchen Spannungsverteilung gehört nun laut Gl. (6 a) ein Wert der Krümmung $\frac{1}{\varrho}$ und laut Gl. (6 c) ein Wert von y, da die Größe $\frac{1}{(\varepsilon_2 - \varepsilon_1)^2}\int_{\varepsilon_1}^{\varepsilon_2} \sigma(\varepsilon)(\varepsilon - \varepsilon_o)_2\, d\varepsilon$ aus der Spannungsverteilung sich berechnen läßt; somit erhalten wir eine Reihe zusammengehörender Werte von y und $\frac{1}{\varrho}$, d. h. mit $\frac{1}{\varrho} \backsimeq -\frac{d^2 y}{dx^2}$ eine Differentialgleichung von der Form

$$y'' = f(y) \quad \ldots\ldots\ldots\ldots \quad (7),$$

wo die Beziehung $f(y)$ graphisch gegeben ist.

Durch die Substitution

$$\frac{d}{dy}\left(\tfrac{1}{2}\, y'^2\right) = y''$$

ist die Lösung der Gleichung (7) auf Quadraturen zurückgeführt, und wir sind somit imstande, die Gestalt der gebogenen Mittellinie zu ermitteln.

Für die einfache Beziehung zwischen Spannung und Dehnung $\sigma = E\varepsilon$, d. h. im elastischen Falle, wird die Größe

$$\frac{1}{(\varepsilon_2 - \varepsilon_1)^2}\int\limits_{\varepsilon_1}^{\varepsilon_2} \sigma(\varepsilon)(\varepsilon - \varepsilon_m)\, d\varepsilon = \frac{E(\varepsilon_2 - \varepsilon_1)}{12},$$

und da laut Gl. (6a) $\varepsilon_2 - \varepsilon_1 = \frac{h}{\varrho}$ ist, so wird

$$E\frac{bh^3}{12}\frac{1}{\varrho} = P(y + y_a),$$

und die allgemeine Differentialgleichung erhält die einfache Form

$$JE\frac{d^2y}{dx^2} + P(y + y_a) = 0,$$

die wir im Punkt 1 aufstellten.

4) Das im letzten Punkt angedeutete graphisch-rechnerische Verfahren soll im folgenden näher erörtert werden. Die dazu gehörenden Zeichnungen sind in Fig. 10 bis 15 zusammengestellt. Der erste Teil der Aufgabe besteht darin, die Beziehung (7) für verschiedene Werte von $\frac{P}{F} = \sigma_m$ zu ermitteln. Die schon erwähnte Fig. 9 stellt als Beispiel eine Reihe von Spannungsverteilungen dar, welche einer mittleren Spannung von $\sigma_m = 2950$ kg/qcm entsprechen. Wir haben dazu einfach einen Teil der durch die Druckversuche gelieferten Spannungskurve zu nehmen; man hat nur dabei, wie schon bemerkt wurde, in Betracht zu ziehen, daß in den entlasteten Fasern der äußeren Seite nur die elastischen Formänderungen rückgängig werden und somit für kleinere Spannungen als σ_m das Geradliniengesetz gilt. In der Figur 9 sind rechts vom Punkt A gleiche Teile aufgetragen und dann ε_1 so bestimmt, daß die Flächen ABB_1 und ACC_1 einander gleich werden. Die Entfernung des Punktes A von der Mitte der Strecke $\varepsilon_2 - \varepsilon_1$ bestimmt dann die Lage der neutralen Fasern im Querschnitte selbst; sie rückt desto mehr nach der äußeren Faser hin, je stärker die Krümmung wird.

Durch Berechnung oder graphische Ermittlung des statischen Momentes der Spannungsflächen erhält man die Größe $\frac{1}{(\varepsilon_2 - \varepsilon_1)^2}\int\limits_{\varepsilon_1}^{\varepsilon_2} \sigma(\varepsilon)(\varepsilon - \varepsilon_m)\, d\varepsilon$ und bestimmt für jede

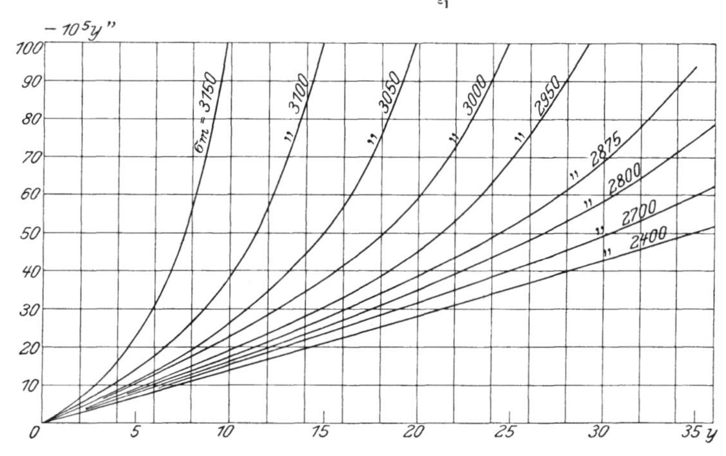

Fig. 10. Differentialbeziehungen $y'' = f(y)$ für verschiedene Werte der mittleren Spannung.

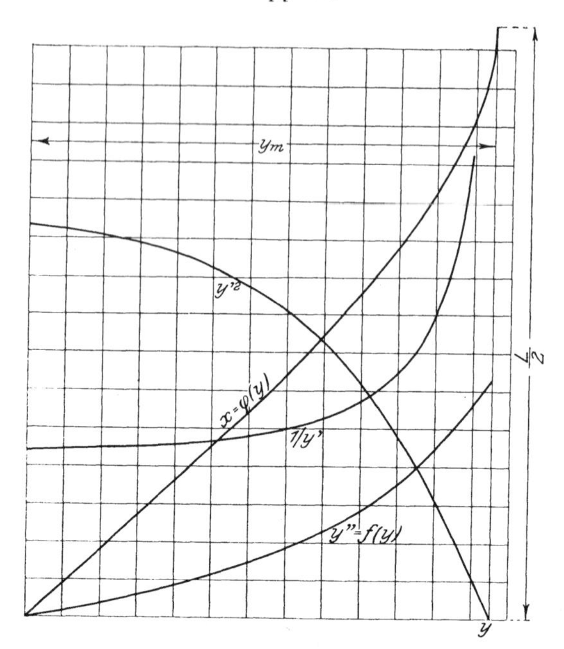

Fig. 11. Ermittelung der Gestalt der Stabmittellinie ($x = \varphi(y)$) durch zweimalige graphische Integration.

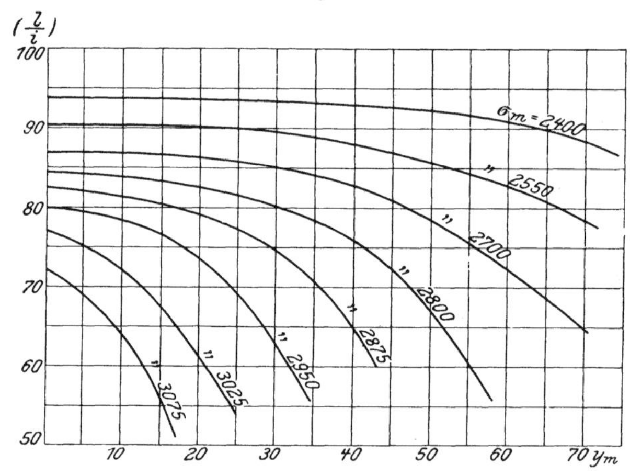

Fig. 12.

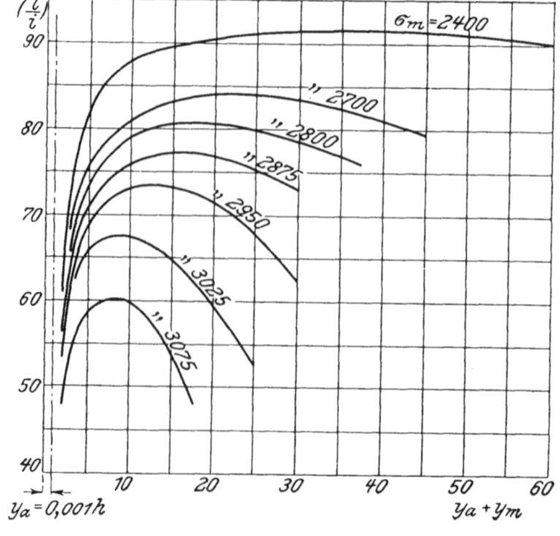

Fig. 13.

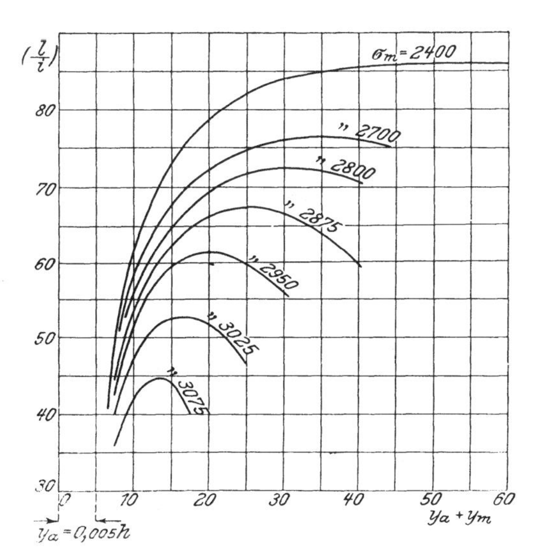

Fig. 14.

Fig. 12 bis 14. Die Linien gleicher Belastung bezw. mittlerer Spannung in dem Koordinatensystemen $\frac{l}{i}$, y_m (Schlankheit und Ausbiegung) bei verschiedenen Exzentrizitäten ($y_a = 0$, $y_a = 0{,}001\,h$, $y_a = 0{,}005\,h$.

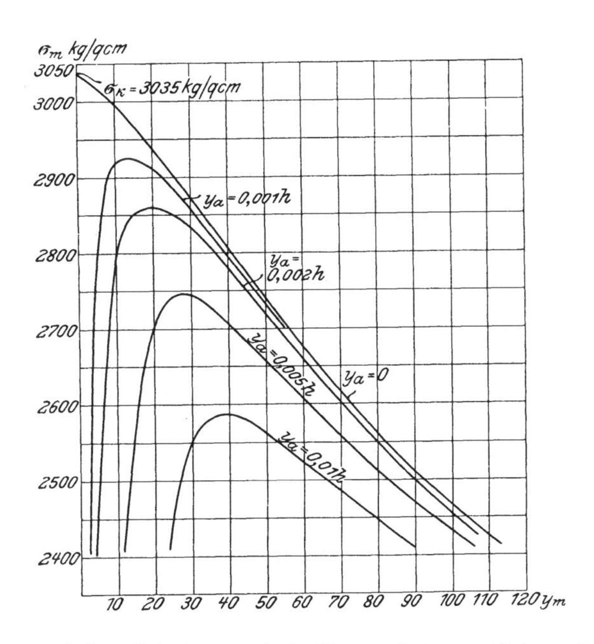

Fig. 15. Beziehung zwischen Belastung und Ausbiegung bei verschiedenen Exzentrizitäten für einen Stab von der Schlankheit $\frac{l}{i} = 75$.

Bemerkung. In den Figuren 12 bis 15 sowie in Fig. 10 sind die Werte y_m (Ausbiegung in der Mitte) auf $^1/_{1000}$ der Stabdicke bezogen, so daß diese Größe (bei den Versuchen 0,018 bezw. 0,025 mm) gewissermaßen als Längeneinheit benutzt wird.

Spannungsverteilung den Wert y oder richtiger $y + y_a$. An dieser Stelle will ich bemerken, daß es genügt, die Integrationen für den Fall $y_a = 0$ (vollkommene Zentrierung) durchzuführen, da man aus den so ermittelten Gleichgewichtgestalten sofort eine Reihe solcher für verschiedene Exzentrizität erhalten kann. Stellt nämlich die Kurve $\widehat{AB}$ in Fig. 16 die gebogene Mittellinie dar, so liefert der Bogen $\widehat{A_1B_1}$ ebenfalls eine Gleichgewichtgestalt, und zwar die eines entsprechend kürzeren Stabes für den Fall, daß dieselbe Last mit der Exzentrizität y_a angreift.

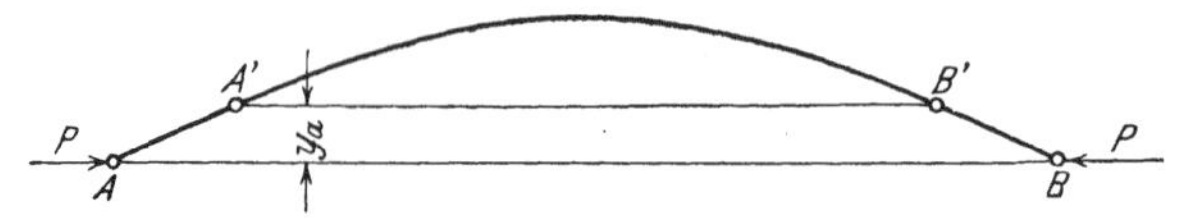

Fig. 16. Zentrische und exzentrische Belastung.

Die aus den Gleichungen (6a) und (6c) sich ergebende Differentialbeziehung

$$y'' = f(y)$$

ist für den Bereich $\sigma_m = 2400$ bis 3100 kg/qcm (zwischen Elastizitäts- und Fließgrenze) in Fig. 10 dargestellt. Zur weiteren Lösung kann man nun den zeichnerischen oder den rechnerischen Weg einschlagen.

a) Beim zeichnerischen Verfahren hat man zwei graphische Integrationen nacheinander vorzunehmen. Mit

$$\frac{d}{dy}\left({}^1/_2\, y'^2\right) = y''$$

wird

$$d(y'^2) = 2 f(y)\, dy,$$

wobei man über die Integrationskonstante dadurch verfügen kann, daß man den Biegungspfeil in der Stabmitte annimmt. Somit wird für $y' = 0$, $y = y_m$. Hat man nun y' als Funktion von y, so wird weiter

$$x = \int_0^y \frac{dy}{y'}.$$

Damit erhält man eine Beziehung zwischen x und y bezw. y, die die Gleichgewichtform der ausgebogenen Mittellinie liefert, und zwar für einen Stab, dessen Länge durch das Integral

$$L = 2\int_0^{y_m} \frac{dy}{y'}$$

bestimmt ist[1]).

Die zweite graphische Integration wird in der Nähe von $y = y_m$ unbequem und ungenau, da der Integrand ins Unendliche wächst. Dies kann man durch eine Umformung vermeiden, indem man die Identität $\frac{y''}{y'} = \frac{d}{dy}(y')$ benutzt und daraus $\frac{1}{y'}$ einsetzt. Das Integral wird dann zweckgemäß in zwei Teile zu zerspalten sein:

$$\frac{L}{2} = \int_0^{y_1} \frac{dy}{y'} + \int_{y_1}^{y_m} \frac{1}{y''}\, dy'.$$

Die graphische Integration wird in Fig. 11 veranschaulicht. Die Kurve $x = \varphi(y)$ liefert das Endergebnis: die Gestalt der gebogenen Mittellinie.

b) In manchen Fällen mag ein rechnerisches Verfahren rascher zum Ziele führen. Die Kurven können meistens durch eine Entwicklung nach y bis zum dritten Grade gut angenähert werden, alsdann erhält man für y'^2 einen Ausdruck von nicht höherem als vom vierten Grad in y, so daß allgemein die Stablänge durch die Periode eines elliptischen Integrals und die Gestalt der Mittellinie durch elliptische Funktionen dargestellt werden kann. Für den einfachen Ansatz

---

[1]) Für die Berechnungen empfiehlt sich, $h = 1$ zu setzen, d. h. als Längeneinheit die Stabdicke zu benützen. So wird die tatsächliche Länge l des betreffenden Stabes von der Dicke h $l = hL$ und seine Schlankkeit $\frac{l}{i} = L \times \sqrt{12}$.

$$-y'' = Ay + By^3,$$

welcher öfters gut benutzt werden konnte, lauten die entsprechenden Formeln

$$L = \frac{2}{\sqrt{A + By_m^2}} K\left(\frac{\pi}{2}, \varkappa\right),$$

wo

$$K = \int_0^{\frac{\pi}{2}} \frac{d\varphi}{\sqrt{1 - \varkappa^2 \sin^2 \varphi}}, \quad \varkappa = \sqrt{\frac{By_m^2}{A + By_m^2}}$$

bezeichnet, und für die Mittellinie gilt $y = y_m \sin \operatorname{am} x$.

c) Für die Fälle, in denen dieser einfache Ansatz nicht genügend genau war, hat sich folgendes Annäherungsverfahren sehr brauchbar erwiesen:

Man zerlegt die Linie $y'' = f(y)$, wie aus Fig. 17 ersichtlich ist, in kleine gerade Stücke, so daß für jedes Intervall zwischen y_{i-1} und y_i gesetzt werden kann:

$$-y'' = a_i + b_i y;$$

alsdann wird die Kurve aus einzelnen Sinusbogen zusammengesetzt. Nun kann man für einen beliebigen Teil einer Sinuslinie $y = A \sin(\lambda x)$ folgende Beziehung aufstellen:

$$x_i - x_{i-1} = \frac{1}{\lambda}\left(\operatorname{arc\,tg} \frac{y_i''}{\lambda\, y_i'} - \operatorname{arc\,tg} \frac{y_{i-1}''}{\lambda\, y_{i-1}'}\right),$$

wo y_i' und y_i'' die Werte von y' und y'' für den Punkt x_i bezeichnen. Mittels dieser Beziehung kann man sich die zweite unbequemere Integration ersparen und, da die Werte y_i', y_i'' bereits vorliegen, die Werte $x_1, x_2 \ldots$ zu den Werten $y_1, y_2 \ldots$ berechnen.

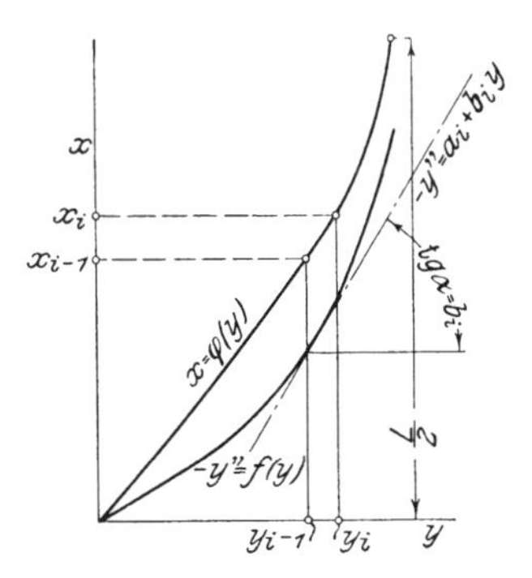

Fig. 17. Zur graphischen Integration.

Man kann sich in den meisten Fällen mit einer verhältnismäßig geringen Anzahl von Teilintervallen begnügen, da die Annäherung als recht gut bezeichnet werden kann. Ich bemerke, daß die einzelnen Sinusbogenstücke nicht nur mit ihren Tangenten, sondern auch mit ihren Krümmungen stetig ineinander übergehen; erst in der Aenderung der Krümmung liegt eine Unstetigkeit vor. Die so erhaltene Biegungslinie ist in der Fig. 17 mit $x = \varphi(y)$ bezeichnet.

Bezüglich der Gestalt der so gewonnenen Mittellinien ist im allgemeinen das zu bemerken, daß sie von der Sinusform in dem Sinne abweichen, daß die Krümmung sich auf die Mitte des Stabes beschränkt. Dies ist an den gebogenen kleineren Knickstäben wohl zu sehen, während die längeren Stäbe auch in ihren bleibenden Formänderungen mehr die Sinusform behalten.

5) Bei dem im vorigen Punkt angedeuteten Rechnungsverfahren konnte die Gestalt der gebogenen Mittellinie eines Stabes von gegebener Länge unmittelbar doch nicht ermittelt werden; vielmehr ergibt sich die Länge als Endergebnis der Integration. Dies kann so ausgedrückt werden, daß man die Länge jenes Stabes bestimmen kann, den die gegebene Kraft bei gegebener Exzentrizität in einer gebogenen Gestalt mit dem Biegungspfeil y_m zu behalten vermag. In dieser Weise erhält man die Linien gleicher Belastung in dem Koordinaten-

systeme L, y_m (bezw. $\frac{l}{i}$, y_m, Schlankheit und Ausbiegung) für verschiedene Exzentrizitäten. Diese Linien sind in den Fig. 12 bis 14 für $y_a = 0$ 0,001 h und 0,005 h eingezeichnet. Um zu der üblichen Darstellung zu gelangen, die für den elastischen Fall in Fig. 7 gegeben ist, wähle man die Belastung (bezw. mittlere Spannung σ_m) und die Ausbiegung (y_m) als Koordinaten. Die Fig. 15 und 18 liefern die entsprechenden Diagramme für Stäbe von der Schlankheit $\frac{l}{i} = 75$ und $\frac{l}{i} = 60$.

Aus diesen Figuren ist nun sowohl der Einfluß der Exzentrizität auf die Höchstlast als der Verlauf des Vorganges nach der Ausknickung deutlich zu entnehmen. Namentlich sieht man, daß im Gegensatz zu dem elastischen Falle, wo die Kurven mit verschiedenen Exzentrizitäten derselben Höchstlast asymptotisch zustreben, hier die Höchstlast schon durch sehr geringe Exzentrizitäten erheblich vermindert wird.

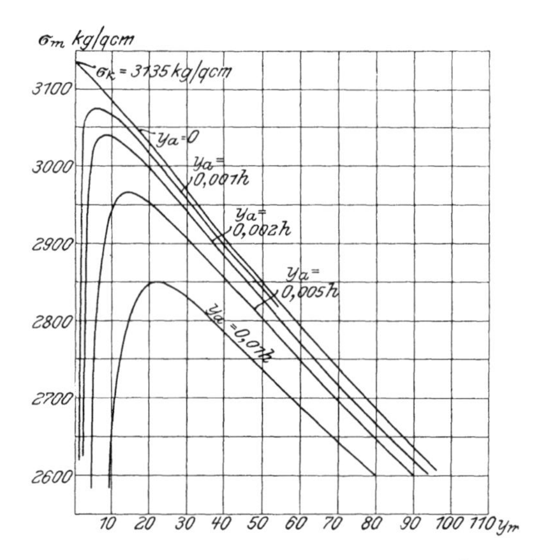

Fig. 18. Aufbiegung bei unelastischer Knickung $\left(\frac{l}{i} = 60\right)$.

Dieser — in praktischer Hinsicht äußerst wichtige — Umstand steht damit im Zusammenhang, daß, während bei der elastischen Knickung die Ausbiegung unter fast unveränderlicher Last erfolgt, bei dem unelastischen Vorgange die Ausbiegung eine rasche Abnahme der Last zur Folge hat — wie dies z. B. die Fig. 18 klar zeigt. (Es ist dabei zu bemerken, daß die Ausbiegungen in äußerst vergrößertem Maßstabe gezeichnet sind, indem als Längeneinheit $^1/_{1000}$ der Stabdicke dient.) Später werden wir sehen, wie diese theoretischen Folgerungen durch die Versuche bestätigt wurden.

6) Es bleibt noch die Aufgabe übrig, für den kritischen Wert P_k — d. h. für die theoretische Knicklast bei vollkommener Zentrierung — eine geschlossene Formel aufzustellen. Diese könnte wohl durch Grenzübergang aus den vorangegangenen Betrachtungen gewonnen werden; ich ziehe es jedoch vor, das Ergebnis durch die Betrachtung der Spannungsverteilung in unmittelbarer Nähe des geraden Zustandes abzuleiten.

Für diese Stabilitätsberechnung darf man die Spannung in der Nähe der gesuchten Knickspannung nach Potenzen von $\Delta\,\varepsilon$ entwickeln und, ohne etwas an Strenge einzubüßen, sich auf das erste Glied beschränken. Es sei daher für positive $\Delta\,\varepsilon$

$$\sigma = \sigma_k + M_1 \varDelta \varepsilon$$

und für negative — da, wie es schon bemerkt wurde, in den entlasteten Fasern nur die elastischen Formänderungen rückgängig werden —

$$\sigma = \sigma_k + M_2 \varDelta \varepsilon.$$

Die Größe M_1, die ich als Modul der gesamten Formänderungen bezeichnen will, ist durch den Differentialquotienten $\frac{d\sigma}{d\varepsilon}$ gegeben; dagegen ist der Wert M_2 dem ursprünglichen Elastizitätsmodul nahezu gleich.

Die entsprechende Spannungsverteilung ist in Fig. 19 dargestellt; die Lage der neutralen Faser (in dem früher bestimmten Sinne) ist dadurch bestimmt, daß die mittlere Spannung $\sigma_m = \sigma_k$ betragen muß. Für den rechteckigen Querschnitt sind die Resultierenden der »Zusatzspannungen« den beiden Dreieckinhalten ABB' und ACC' in Fig. 19 proportional. Da

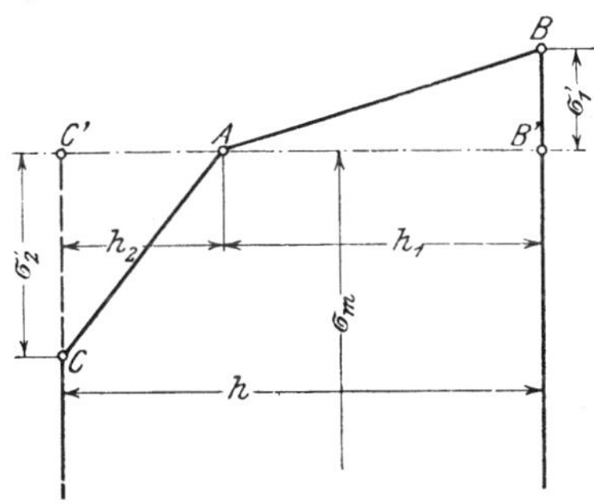

Fig. 19. Spannungsverteilung im Augenblick der Ausknickung.

$$\left.\begin{aligned} \sigma_1' &= M_1 \frac{h_1}{\varrho} \\ \sigma_2' &= M_2 \frac{h_2}{\varrho} \end{aligned}\right\} \quad \ldots \ldots \ldots \ldots (8)$$

beträgt, so liefert die Gleichheit der beiden Dreiecke die Beziehung

$$M_1 h_1^2 = M_1 h_2^2$$

oder mit

$$h = h_1 + h_2$$

$$\left.\begin{aligned} h_1 &= \frac{\sqrt{M_2}}{\sqrt{M_1} + \sqrt{M_2}} h \\ h_2 &= \frac{\sqrt{M_1}}{\sqrt{M_1} + \sqrt{M_2}} h \end{aligned}\right\} \quad \ldots \ldots \ldots \ldots (9).$$

Das Moment der Spannungen berechnet sich daraus zu

$$\mathfrak{M}_s = \frac{b}{3} (h_1^2 \sigma_1' + h_2' \sigma_2')$$

oder mit den Werten aus Gl. (8) und (9) zu

$$\mathfrak{M}_s = \frac{b h^3}{3} \frac{M_1 M_2}{(\sqrt{M_1} + \sqrt{M_2})^2} = \frac{1}{\varrho}$$

oder

$$\mathfrak{M}_s = \frac{M J}{\varrho}$$

falls

$$J = \frac{b h^3}{12}$$

und

$$M = \frac{4\,M_1\,M_2}{(\sqrt{M_1} + \sqrt{M_2})^2} \quad . \; . \; . \; . \; . \; . \; . \; . \; . \; . \quad (10)$$

gesetzt wird.

Die Differentialgleichung für die gebogene Mittellinie lautet daher mit der üblichen Annäherung $\frac{1}{\varrho} = -\frac{d^2 y}{d x^2}$

$$M J \frac{d^2 y}{d x^2} + P y = 0 \quad . \; . \; . \; . \; . \; . \; . \; . \; . \; . \quad (11),$$

und wir erhalten für die Knicklast den Wert

$$P_k = \pi^2 \frac{M J}{l^2} \quad . \; . \; . \; . \; . \; . \; . \; . \; . \quad (12a)$$

oder für die Knickspannung

$$\sigma_k = \pi^2 \frac{M}{\left(\frac{l}{i}\right)^2} \quad . \; . \; . \; . \; . \; . \; . \; . \; . \quad (12b).$$

Die Druckversuche liefern M_1 und M_2 und daraus M als Funktion von σ_k, so daß die Gleichung (12b) nach $\left(\frac{l}{i}\right)$ auflösbar ist. Es ist daher schließlich σ_k als Funktion von $\left(\frac{l}{i}\right)$ für einen und denselben Stoff bestimmt.

Der »resultierende Modul« M, der in der Eulerschen Gleichung an Stelle des Elastizitätsmoduls getreten ist, bildet im allgemeinen einen Mittelwert zwischen den beiden Moduln M_1 (gesamte Formänderungen) und M_2 (federnde Formänderungen). Wie dieser Mittelwert zu bilden sei, hängt von der Querschnittform ab. Für das Rechteck haben wir bereits die Formel abgeleitet

$$M = \frac{4\,M_1\,M_2}{(\sqrt{M_1} + \sqrt{M_2})^2}$$

oder in andrer Form

$$\frac{1}{\sqrt{M}} = \frac{1}{2}\left(\frac{1}{\sqrt{M_1}} + \frac{1}{\sqrt{M_2}}\right).$$

Im allgemeinen gilt folgende Vorschrift: Man hat den Querschnitt durch eine Gerade — parallel der Achse des kleinsten Trägheitsmomentes — so in zwei Teile zu teilen, daß zwischen den statischen Momenten dieser Teile und den Moduln M_1 und M_2 die Beziehung besteht

$$M_1 S_1 = M_2 S_2,$$

welche aussagt, daß die Resultierenden der gegenseitigen Zusatzspannungen sich aufheben. Werden die Trägheitsmomente der beiden Teilquerschnitte in bezug auf dieselbe Gerade mit J_1 und J_2, das Trägheitsmoment des vollen Querschnittes mit J bezeichnet, so hat man für das Moment der Spannungen

$$\mathfrak{M}_s = J_1 M_1 + J_2 M_2$$

oder, falls man

$$\mathfrak{M}_s = J M$$

setzt, so ergibt sich daraus für M der Wert

$$M = \frac{J_1}{J} M_1 + \frac{J_2}{J} M_2 \quad . \; . \; . \; . \; . \; . \; . \; . \; . \quad (13).$$

Diese Betrachtung führt zu dem beachtenswerten Ergebnis, daß die Knickspannung im unelastischen Bereiche — im Gegensatze zu dem elastischen Falle — nicht allein von der Schlankheit, d. h. vom Verhältnis $\frac{l}{i}$, sondern auch von der Querschnittform abhängt. Allerdings ist der Einfluß der letzteren nicht sehr beträchtlich, so daß er praktisch wenig in Betracht kommt. Z. B. für die von dem vollen Rechtecke ziemlich abweichende Querschnittform eines I-Trägers wird bei Vernachlässigung des Steges

$$S_1 = f\,h_1$$
$$S_2 = f\,h_2$$

(f gleich der Querschnittfläche des Flansches, h_1 und h_2 Abstände der Flanschmitte von der neutralen Achse). Daraus folgt für h_1 und h_2

$$h_1 = \frac{M_2}{M_2 + M_2}\,h$$
$$h_2 = \frac{M_1}{M_1 + M_2}\,h$$

und da die Trägheitsmomente näherungsweise

$$J_1 = f\,h_1^2$$
$$J_2 = f\,h_2^2$$

geschrieben werden können, nach Gl. (13)

$$M = \frac{M_1\,M_2}{2\,(M_1 + M_2)} \quad . \; . \; . \; . \; . \; . \; . \; . \; . \; . \quad (14)$$

oder

$$\frac{1}{M} = \frac{1}{2}\left(\frac{1}{M_1} + \frac{1}{M_2}\right).$$

Beträgt z. B. M_1 $^1/_2$ bezw. $^1/_{10}$ von $M_2 = E$, so berechnet sich M

für das volle Rechteck zu . . $M = 0{,}68\,E$ bezw. $0{,}23\,E$
für den I-Träger zu . . . . $M = 0{,}66\,E$ bezw. $0{,}18\,E$.

Somit ist die volle Rechteckform bei gleichem Trägheitshalbmesser etwas knicksicherer als der I-Träger. Freilich kann es in extremen Fällen darauf ankommen, die Berechnung genau durchzuführen; in fast allen praktischen Fällen wird man jedoch damit auskommen, daß man die Knickspannung als Funktion der Schlankheit betrachtet.

III. Versuchsergebnisse.

Als Hauptzweck der Versuche galt, wie schon erwähnt wurde, die Bestätigung der erweiterten Knickformel (12a) bezw. (12b). Zur Ermittlung der Werte M_1 und M_2 dienten die Druckversuche, deren Ergebnisse in den Fig. 20 und 21 dargestellt sind. Erstere bezieht sich auf den Bereich zwischen Proportionalitäts- und Fließgrenze, letztere veranschaulicht das Gebiet oberhalb der Fließgrenze. Aus den Versuchskurven wurden Mittelwerte für $M = \frac{d\sigma}{d\varepsilon}$, als Funktion von σ berechnet, und daraus ergibt sich M und $\left(\frac{l}{i}\right)$ ebenfalls als Funktion von σ, wie dies in Fig. 22 veranschaulicht ist. Einen Vergleich der theoretischen Berechnung und der Versuche erlaubt nun Fig. 23, wo in üblicher Weise σ_k als Funktion von $\left(\frac{l}{i}\right)$ dargestellt ist. Die oberste Linie, welche bei etwa $\frac{l}{i} = 88$ in die Eulersche Hyperbel übergeht, stellt die aus der Formel (12b) berechneten Werte dar; sie soll daher eine obere Grenze für die beobachteten Werte von σ_k bilden, wobei die letzteren desto geringer ausfallen, je weniger genau die Stäbe bei den Versuchen zentriert werden konnten. Nun zeigen sich wohl im Bereiche der erweiterten Formel weit größere Abweichungen in diesem Sinne als im Bereiche, wo die ursprüngliche Eulersche

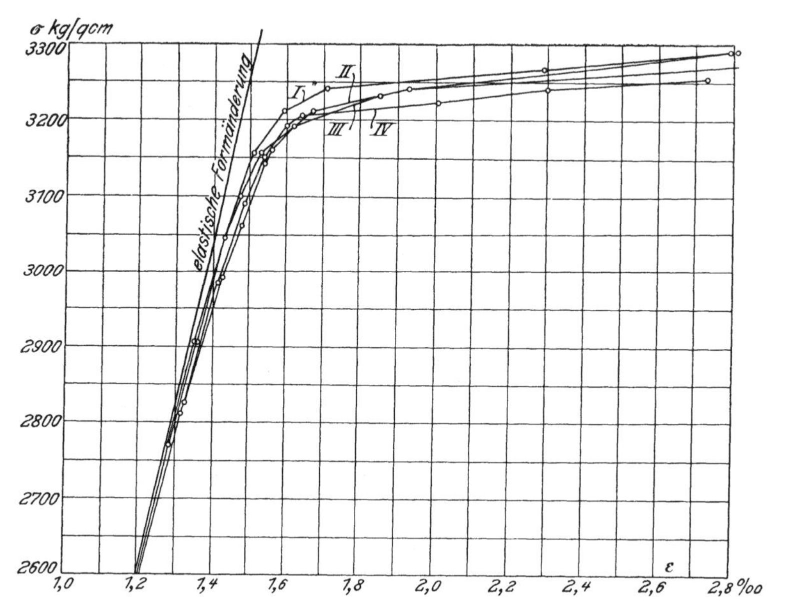

Fig. 20. Druckversuche zwischen Elastizitäts- und Fließgrenze.

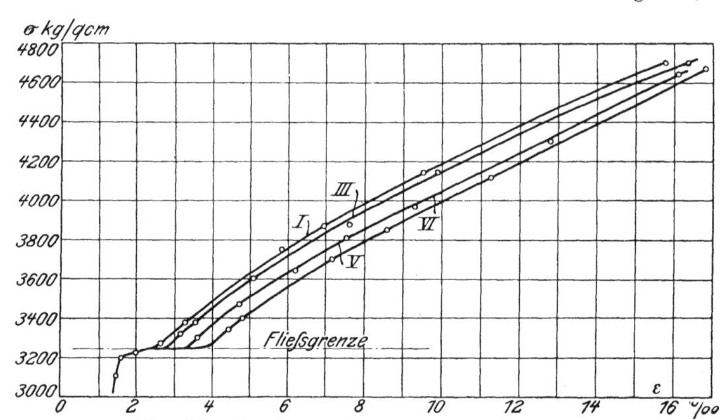

Fig. 21. Druckversuche oberhalb der Fließgrenze.

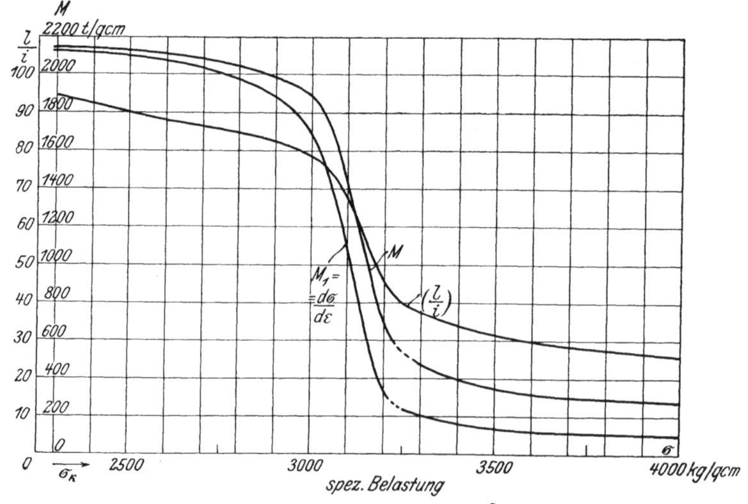

Fig 22. Ermittlung von M und $\frac{l}{i} = f(\sigma_k)$.

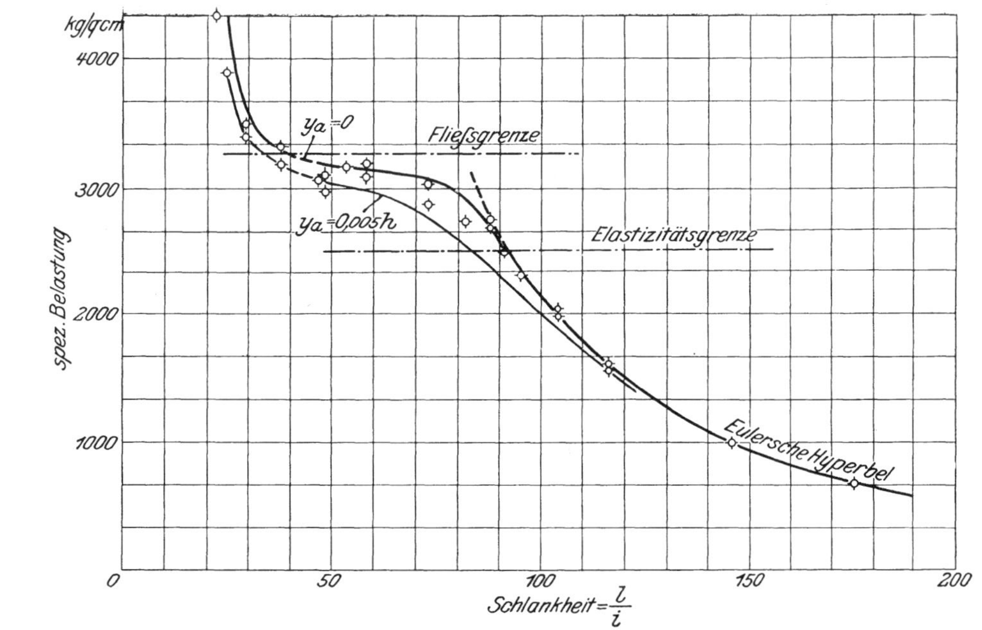

Fig. 23. Vergleich der theoretischen Berechnung mit den Versuchsergebnissen.

Formel gilt. Dies war jedoch schon auf Grund der theoretischen Erwägungen zu erwarten. Diese zeigten eben, daß in dem unelastischen Bereich eine sehr geringe Exzentrizität der Kraft schon eine bedeutende Verminderung der Höchstlast hervorzurufen vermag, während im elastischen Bereiche die Höchstlast selbst kaum merklich beeinflußt wird. Die untere Kurve in derselben Figur gibt über den Einfluß sehr geringer anfänglicher Exzentrizität Aufschluß, indem sie die Höchstlast — entsprechend einer exzentrischen Lage des Kraftangriffes um $^{1}/_{200}$ der Stabdicke — darstellt. Mit Ausnahme eines einzigen Versuchswertes fallen alle beob-

Zahlentafel 4.
Zusammenstellung der Versuchsergebnisse mit Knickstäben.

Gruppe	Nr.	Schlankheit $\frac{l}{i}$	Knickspannung beobachtet kg/qcm	Knickspannung berechnet kg/qcm	Unterschied vH
A	1	175,8	690	690	—
	2	146,0	1000	1005	−0,5
	3 a) und b)	116,2	1595	1590	+0,5
	4 a) und b)	103,0	2030	2050	−1,0
	5	95,3	2305	2360	−2,5
	6	91,3	2500	2550	−2,0
B	7 a) und b)	88,0	2720	2690	+1,0
	8	82,0	2740	2900	−5,0
	9 a) und a)	73,1	2950	3050	−3,0
	10 a) und b)	58,6	3130	3150	−0,5
	11	53,6	3165	3175	−0,5
	12 a) und b)	48,2	3020	3210	−6,0
	13	47,3	3060	3215	−5,0
C	14 a) und b)	38,2	3250	3320	−2,5
	15 a) und b)	28,8	3445	3560	−3,5
	16	24,8	3900	4100	−5,0
	17	22,0	4330	etwa 4600	−6,0

Anmerkung. Für Versuchswerte, die sich auf je 2 Stäbe mit gleichen Abmessungen beziehen, ist ein Mittelwert in die Zahlentafel gesetzt worden, z. B. 4 a) und b)

achteten Werte in das durch diese Kurve begrenzte Bereich; anderseits erlaubt der Verlauf der einzelnen Versuche eine Abschätzung der anfänglichen Exzentrizität, und diese Abschätzung führt zu Werten, die von derselben Größenordnung sind.

Es soll nicht unerwähnt bleiben, daß die Schwankungen im Verhalten des Stoffes gegen Druck — insbesondere in dem Bereiche zwischen der Elastizitäts- und Fließgrenze — ebenfalls zur Vergrößerung der Abweichungen der Versuchswerte beitragen können. Es sind jedoch diese Schwankungen weit geringer, als daß sie die Streuung der Versuchswerte vollständig erklären könnten, und außerdem läßt sich in fast allen Fällen zeigen, daß die Stäbe die zu früh ausknickten, minder genau zentriert waren, so daß dies keinem Zufalle zugeschrieben werden kann.

Die beiden charakteristischen Grenzen im Verhalten des Stoffes — Elastizitäts- und Fließgrenze — zerlegen die Linie der Knickspannungen in drei Abschnitte. Da

Zahlentafel 5.

Stab Nr. 1. $L = 925$ mm, $F = 18{,}2 \times 30{,}1 = 548$ qmm, $\frac{L}{i} = 175{,}8$.

Manometer at	Belastung kg	Spannung kg/qcm	Ausbiegung mm	Bemerkungen
2,5	750	140	—	
5,0	1510	275	—	
7,5	2260	415	0,01	
10,0	3020	550	0,025	
10,5	3170	580	0,04	
11,0	3320	605	0,06	
11,5	3470	635	0,09	
12,0	3620	660	0,25	
12,5	3770	690	—	Zeiger läuft
12,0	3620	660	13,4	
11,5	3470	635	16,0	
11,0	3320	605	18,4	
10,5	3170	580	20,0	
10,0	3020	550	21,8	
7,5	2260	415	11,8	entlastet
5,0	1510	275	7,3	
2,5	750	140	3,2	

Zahlentafel 6.

Stab Nr. 2. $L = 763$ mm, $F = 18{,}1 \times 30{,}1 = 545$ qmm, $\frac{L}{i} = 146{,}0$.

Manometer at	Belastung kg	Spannung kg/qcm	Ausbiegung mm	Bemerkungen
2,5	750	140	—	
10,0	3020	550	—	
15,0	4520	830	0,02	
16,0	4830	885	0,05	
17,0	5130	940	0,11	
17,5	5280	965	0,24	
18,0	5430	1000	0,86	Zeiger läuft
18,0	5430	1000	2,8	
17,0	5130	940	9,6	
16,5	4980	910	10,4	
16,0	4830	885	11,3	
15,5	4675	855	12,3	
12,0	4520	830	13,6	
14,0	4220	775	15,4	
13,0	3920	720	17,3	
12,5	3770	690	18,5	entlastet
10,0	3020	550	13,4	
5,0	1510	275	—	
2,5	750	140	6,6	

das Verhalten der Stäbe in den drei Bereichen gewisse Verschiedenheiten aufweist, so wollen wir diese einzeln besprechen. Die Knickstäbe dürfen danach als sehr schlanke, mittlere und kurze Stäbe bezeichnet werden, wobei der letzten Gruppe in praktischer Hinsicht wohl geringere Bedeutung zukommt, da bei diesen kurzen Stäben eine eigentliche Knickgefahr innerhalb der zulässigen Spannungen kaum mehr vorliegt.

A) Versuche mit schlanken Stäben.

Die Ergebnisse der Knickversuche mit Stäben der ersten Gruppe (Nr. 1 bis 6) sind in den folgenden Zahlentafeln 5 bis 12 wiedergegeben.

Zahlentafel 7.

Stab Nr. 3a). $L = 608$ mm, $F = 18{,}1 \times 30{,}1 = 545$ qmm, $\frac{L}{i} = 116{,}2$.

Manometer at	Belastung kg	Spannung kg/qcm	Ausbiegung mm	Bemerkungen
2,5	750	140	—	
10,0	3020	555	—	
20,0	6030	1110	0,01	
25,0	7540	1390	0,03	
27,5	8290	1525	0,11	
28,2	8520	1570	0,52	
28,6	8630	1580	—	Zeiger läuft
27,7	8360	1535	4,30	entlastet
25,0	7540	1390	1,65	
20,0	6030	1110	0,75	
15,0	4520	835	0,45	
10,0	3020	555	0,28	
2,5	750	140	0,20	
10,0	3020	555	0,28	wieder belastet
20,0	6030	1110	0,60	
25,0	7540	1390	1,40	
26,0	7840	1445	2,80	
27,0	8140	1500	2,80	
27,5	8290	1530	4,10	zweiter Höchstwert bei 27,6 at

Zahlentafel 8.

Stab Nr. 3b). $L = 607{,}5$ mm, $F = 18{,}05 \times 30{,}05 = 542$ qmm, $\frac{L}{i} = 116{,}1$.

Manometer at	Belastung kg	Spannung kg/qcm	Ausbiegung mm	Bemerkungen
2,5	750	140	—	
10,0	3020	555	—	
20,0	6030	1110	—	
25,0	7540	1390	—	
26,0	7840	1445	0,02	
27,0	8140	1500	0,05	
27,5	8290	1530	0,07	
28,0	8445	1555	0,11	
28,5	8600	1585	0,21	
29,0	8750	1610	—	Zeiger läuft
26,5	7990	1475	6,3	
26,0	7840	1445	6,75	
25,0	7540	1390	7,45	
22,5	6790	1250	9,5	
20,0	6030	1110	2,4	entlastet
15,0	4520	835	8,8	
10,0	3020	555	6,4	
5,0	1510	280	5,2	
2,5	750	140	4,6	

Die Ergebnisse der Knickversuche mit den Stäben 1 bis 6 stimmen sehr genau mit den Eulerschen Werten überein. Der Elektrizitätsmodul wurde zu

$$E = 2\,170\,000 \text{ kg/qcm}$$

gefunden, und zwar als Mittelwert von 6 Versuchen. Die einzelnen Werte, die die Versuche mittels Spiegelapparates ergaben und in Zahlentafel 2 zusammengestellt waren, zeigen Abweichungen untereinander, die wohl mindestens so groß sind, als die Abweichungen der Knickversuche von der Eulerschen Formel. Wir erwähnten

Zahlentafel 9.

Stab Nr. 4a). $L = 538$ mm, $F = 18{,}1 \times 30{,}05 = 544$ qmm, $\frac{L}{i} = 103$.

Manometer at	Belastung kg	Spannung kg/qcm	Ausbiegung mm	Bemerkungen
2,5	750	140	—	
25,0	7540	1385	—	
30,0	9050	1665	0,02	
32,0	9660	1775	0,025	
34,0	10260	1885	0,03	
35,0	10560	1940	0,07	
35,5	10710	1970	0,10	
36,0	10860	1995	0,13	
36,5	11010	2025	0,25	
37,0	11160	2050	0,73	Zeiger läuft
27,5	8300	1525	6,7	
25,0	7540	1385	8,5	
22,5	6790	1250	10,7	
20,0	6030	1110	13,0	entlastet
15,0	4525	830	10,3	
10,0	3020	555	8,2	
2,5	750	140	6,1	

Zahlentafel 10.

Stab Nr. 4b). $L = 538$ mm, $F = 18 \times 30{,}05 = 541$ qmm, $\frac{L}{i} = 103$.

Manometer at	Belastung kg	Spannung kg/qcm	Ausbiegung mm	Bemerkungen
2,5	750	140	—	
5,0	1510	280	0,01	
10,0	3020	560	0,03	
15,0	4530	835	0,05	
20,0	6030	1115	0,07	
25,0	7540	1395	0,09	
27,5	8300	1535	0,12	
30,0	9050	1675	0,15	
32,5	9805	1815	0,23	
33,0	9960	1840	0,26	
33,5	10110	1870	0,29	
34,0	10260	1895	0,33	
34,5	10410	1925	0,41	
35,0	10560	1950	0,52	
35,5	10710	1980	0,71	
36,0	10860	2010	1,46	Höchstlast bei 36,1 at, Zeiger läuft
28,0	8450	1565	5,95	entlastet
25,0	7540	1395	4,9	
20,0	6030	1115	3,45	
15,0	4530	835	2,6	
10,0	3020	560	2,05	
2,5	750	140	1,45	

schon, daß die beobachteten Werte etwas zu hoch liegen wegen einiger Reibung an den Schneiden.

Ueber den Verlauf der Versuche wäre noch folgendes zu bemerken.

a) Fig. 24 zeigt den Verlauf der Versuche, bis die Belastung ihren Höchstwert erreicht. Die Ausbiegungen sind dabei in sehr großem Maßstabe gezeichnet, da die anfänglichen Exzentrizitäten und daher die Ausbiegungen im allgemeinen überaus klein sind. Eine Ausnahme bildet der Stab 4b; dieser Versuch ist jedoch

Zahlentafel 11.

Stab Nr. 5. $L = 497$ mm, $F = 18{,}05 \times 30{,}05 = 542$ qmm, $\frac{L}{i} = 95{,}3$.

Manometer at	Belastung kg	Spannung kg/qcm	Ausbiegung mm	Bemerkungen
2,5	750	140	—	
30,0	9050	1670	0,01	
35,0	10560	1945	0,03	
36,0	10860	2000	0,05	
37,0	11160	2055	0,07	
38,0	11470	2115	0,10	
39,0	11770	2170	0,15	
40,0	12070	2225	0,22	
41,0	12370	2280	0,30	
41,5	12520	2305	0,45	Zeiger läuft
28,5	8150	1585	6,05	
27,0	8600	1500	7,3	
25,0	7540	1390	8,9	
22,5	6790	1250	11,0	
20,0	6030	1110	13,3	entlastet
15,0	4520	835	11,15	
10,0	3020	555	9,35	
2,5	750	140	7,4	wieder belastet
10,0	3020	555	8,9	
20,0	6030	1110	—	zweite Höchstlast bei 20,0 at

Zahlentafel 12.

Stab Nr. 6. $L = 478{,}5$ mm, $F = 18{,}1 \times 30{,}05 = 544$ qmm, $\frac{L}{i} = 91{,}3$.

Manometer at	Belastung kg	Spannung kg/qcm	Ausbiegung mm	Bemerkungen
2,5	750	140	—	
30,0	9050	1665	—	
35,0	10560	1940	0,01	
40,0	12070	2220	0,04	
41,0	12370	2275	0,06	
42,0	12670	2330	0,10	
43,0	12970	2385	0,15	
44,0	13270	2440	0,25	
44,5	13430	2470	0,34	
45,0	13580	2500	0,74	Zeiger läuft, Höchstlast bei 45,1 at
28,5	8600	1580	6,3	
27,5	8300	1525	7,3	
25,0	7540	1385	9,1	
22,5	6790	1250	11,1	
20,0	6030	1110	13,6	
17,5	5280	970	16,6	
15,0	4525	830	20,9	entlastet
10,0	3020	555	18,1	
5,0	1510	280	15.5	
2,5	750	140	14,5	

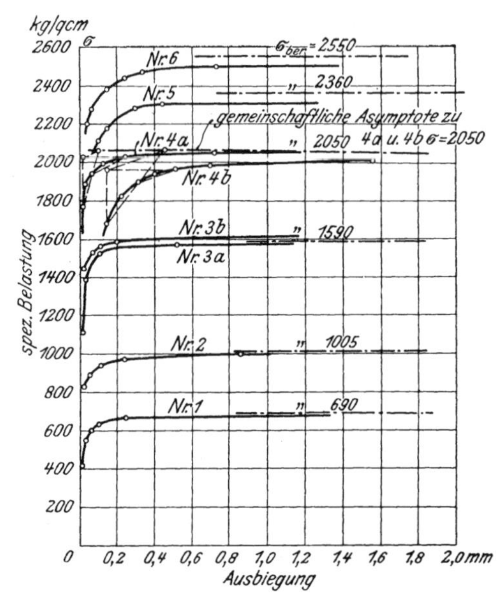

Fig. 24 Verlauf der Versuche bis zur Höchstlast.

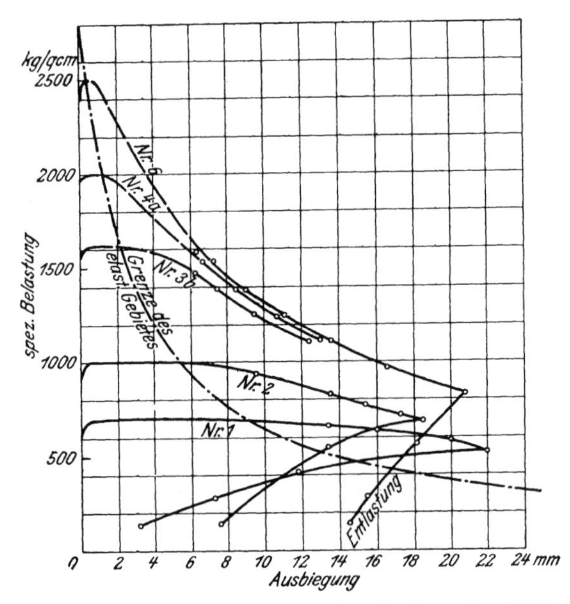

Fig. 25. Verlauf der Versuche nach Ueberschreitung der Höchstlast.

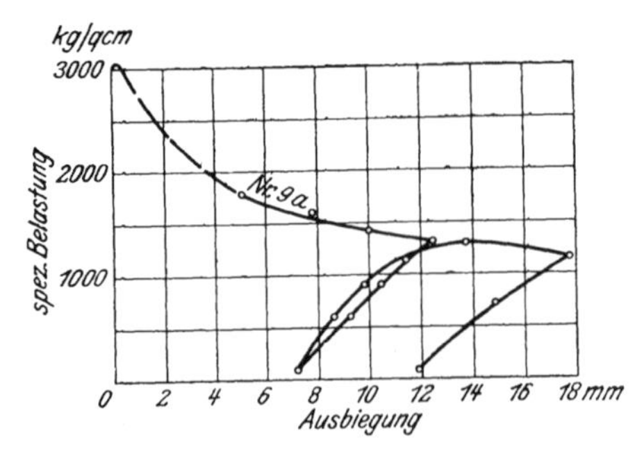

Fig. 26. Wiederholte Belastung.

deshalb bemerkenswert, weil man klar sieht, daß die Linie 4b trotz einer weit größeren anfänglichen Exzentrizität derselben Höchstlast asymptotisch zustrebt, wie die Linie 4a.

b) Es ist auch der Verlauf des Vorganges, nachdem die Höchstlast überschritten wurde, nicht ohne Bedeutung, Fig. 25. Die theoretische Forderung bei vollkommener Elastizität — Zunahme in der Ausbiegung bei gleichbleibender Last — wird namentlich bei den längsten Stäben ziemlich gut erfüllt. Je kürzer der Stab wird, d. h. je höher die Knicklast, desto eher tritt ein Rückgang der Last ein, welcher bei den Versuchstäben 5 und 6 schon ziemlich plötzlich wird. Die Entlastungskurven zeigen, wie die bleibende Ausbiegung neben der federnden stets mehr zum Vorschein kommt. In einigen Fällen wurden die entlasteten Stäbe nochmals belastet; die zweite Höchstlast wird ungefähr bei der Belastung erreicht, bei welcher der Stab entlastet wurde (s. Fig. 26).

Zahlentafel 13.

Stab Nr. 7a). $L = 635{,}5$ mm, $F = 25{,}0 \times 40{,}0 = 1000$ qmm, $\frac{L}{i} = 88$.

Manometer at	Belastung kg	Spannung kg/qcm	Ausbiegung mm	Bemerkungen
2,5	die Belastung beträgt stets das 10 fache der Spannung	75	—	
80,0		2415	0,01	
85,0		2565	0,02	
90,0		2715	0,05	
91,0		2745	0,12	
91,5		2760	0,24	Zeiger läuft
47,9		1445	6,2	
45,0		1360	8,8	
42,5		1280	10,3	
40,0		1205	12,3	
37,5		1130	14,0	
35,0		1055	16,3	
32,5		980	18,9	
30,0		905	21,3	entlastet
20,0		605	17,0	
10,0		305	14,8	
2,5		75	12,8	

Zahlentafel 14.

Stab Nr. 7b). $L = 635{,}5$ mm, $F = 25{,}05 \times 40{,}0 = 1002$ qmm, $\frac{L}{i} = 88$.

Manometer at	Belastung kg	Spannung kg/qcm	Ausbiegung mm	Bemerkungen
2,5	die Belastung beträgt stets das 10-fache der Spannung	75	—	
60,0		1810	—	
70,0		2110	0,02	
80,0		2415	0,04	
85,5		2565	0,07	
86,0		2595	0,08	
87,0		2625	0,10	
88,0		2655	0,12	
89,0		2685	—	Zeiger läuft
48,7		1465	6,9	entlastet
40,0		1205	5,25	
30,0		905	3,85	
20,0		605	2,75	
10,0		300	1,8	
5,0		150	1,4	

B) Knickversuche mit mittelschlanken Stäben.

Die Zahlentafeln 13 bis 23 enthalten die Ergebnisse der Versuche mit der nächsten Gruppe.

Zahlentafel 15.

Stab Nr. 8. $L = 378$ mm, $F = 30{,}0 \times 16{,}0 = 480$ qmm, $\frac{L}{i} = 82{,}0$.

Manometer at	Belastung kg	Spannung kg/qcm	Ausbiegung mm	Bemerkungen
5,0	1510	315	—	
30,0	9050	1875	0,01	
40,0	12070	2515	0,02	
40,5	12220	2545	0,035	
41,0	12370	2575	0,05	
41,5	12520	2610	0,07	
42,0	12670	2640	0,11	
42,5	12820	2670	0,18	
43,0	12970	2705	0,47	
43,5	13120	2740	—	Zeiger läuft
27,8	8220	1715	4,9	
25,0	7540	1570	7,3	
22,5	6790	1415	8,9	
20,0	6030	1255	10,9	
17,5	5280	1100	13,2	
15,0	4530	945	16,2	entlastet
10,0	3020	630	14,45	
2,5	750	160	11,9	

Zahlentafel 16.

Stab Nr. 9a). $L = 528$ mm, $F = 25{,}1 \times 40{,}0 = 1004$ qmm, $\frac{L}{i} = 73{,}1$.

Manometer at	Belastung kg	Spannung kg/qcm	Ausbiegung mm	Bemerkungen
5,0	die Belastung beträgt stets das 10 fache der Spannung	150	—	
80.0		2415	—	
90,0		2715	0,01	
95,0		2865	0,035	
97,0		2925	0,05	
98,0		2955	0,07	
99,0		2985	0,11	
100,0		3015	0,15	
100,5		3030	—	Manometerzeiger springt plötzlich zurück, Zeiger des Rollenapparates eilt mit einem kräftigen Ruck voraus
58,7		1770	5,1	
53,0		1600	7,9	
48,7		1470	10,0	
43,5		1315	12,5	enilastet
40,0		1205	12,0	
30,0		905	10,5	
20,0		605	9,25	
10,0		300	8,05	
2,5		75	7,15	
10,0		300	7,7	wieder belastet
20 0		605	8,6	
30,0		905	9,8	
35,0		1055	10,6	
40,0		1205	11,4	
43,5		1315	13,8	zweite Höchstlast
38,0		1145	17,8	

Zu der Auswertung der Versuche von 7a bis 13 mußte zuerst die Aenderung des Wertes M_1 (Modul der gesamten Formänderungen) ermittelt werden; die Entlastungsbeobachtungen, welche bei einzelnen Druckversuchen vorgenommen wurden, ergaben, daß sich der Modul der elastischen Formänderungen auch in diesem Bereiche kaum ändert. Im Mittel findet man

$$M_2 = 2\,100\,000 \text{ kg/qcm},$$

also einen etwas geringeren Wert, als der ursprüngliche Elastizitätsmodul. Dieser Wert ist auch in den Berechnungen benutzt worden.

Zahlentafel 17.

Stab Nr. 9b). $L = 528$ mm, $F = 25{,}05 \times 40{,}05 = 1003$ qmm, $\frac{L}{i} = 73{,}1$.

Manometer at	Belastung kg	Spannung kg/qcm	Ausbiegung mm	Bemerkungen
5,0	die Belastung beträgt stets das 10 fache der Spannung	—	—	
35,0		1055	0,01	
45,0		1360	0,02	
55,0		1660	0,03	
65,0		1960	0,04	
75,0		2265	0,07	
85,0		2565	0,10	
90,0		2715	0,13	
92,5		2790	0,15	
95,0		2866	0,23	plötzliche Ausknickung wie bei Stab Nr. 9 a)
58,0		1750	6,95	entlastet
30,0		905	5,0	
20,0		605	4,0	
10,0		300	3,9	
5,0		150	3,6	wieder belastet
30,0		905	4,55	
40,0		1205	5,15	
50,0		1510	5,95	
55,0		1660	6,5	
57,5		1735		zweite Höchstlast, Zeiger läuft

Zahlentafel 18.

Stab Nr. 10a). $L = 423$ mm, $F = 40{,}05 \times 25{,}05 = 1003$ qmm, $\frac{L}{i} = 58{,}6$.

Manometer at	Belastung kg	Spannung kg/qcm	Ausbiegung mm	Bemerkungen
5,0	die Belastung beträgt stets das 10 fache der Spannung	150	—	
80 0		2415	—	
90,0		2715	0,01	
100,0		3015	0,02	
102,5		3090	0,03	
105,0		3165	0,06	
105,5		3185	0,09	plötzliche Ausknickung, wie vorher, sofort entlastet
72,7		2175	5,4	
60,0		1810	4,6	
50,0		1510	4,3	
40,0		1205	4,0	
30,0		905	3,8	
20,0		603	3,55	
10,0		300	3,3	wieder belastet
30,0		905	3,6	
50,0		1510	4,1	
60,0		1810	4,3	
70,0		2110	4,8	zweite Höchstlast bei 73,5 at

In bezug auf den Verlauf des Knickvorganges ist folgendes zu bemerken:

a) Es wird durch die Versuche im allgemeinen bestätigt, daß anfänglich exzentrischer Kraftangriff nicht nur die Ausbiegungen früher zum Vorschein treten läßt, sondern auch die Höchstlast sehr merklich vermindert. Eine Uebersicht der Versuchsergebnisse bietet Fig. 27. Sie enthält einerseits die Versuchswerte (Knickspannungen als Funktion der Schlankheit für den Bereich $\frac{l}{i} = 30$ bis 90), und zwar mit Angabe der abgeschätzten Werte der Exzentrizitäten, anderseits die theoretisch ermittelten Kurven für die Höchstlast bei verschiedenen angenommenen Exzentrizitäten. Die Exzentrizitäten sind in $^1/_{1000}$ der Stabdicke ausgedrückt. Die Versuchspunkte ordnen sich mit wenigen Ausnahmen in recht befriedigender Weise zu den

Zahlentafel 19.

Stab Nr. 10b). $L = 423$ mm, $F = 25{,}05 \times 40{,}05 = 1003$ qmm, $\frac{L}{i} = 58{,}6$.

Manometer at	Belastung kg	Spannung kg/qcm	Ausbiegung mm	Bemerkungen
5,0	die Belastung beträgt stets das 10 fache der Spannung	150	—	
80,0		2415	—	
90,0		2715	0.01	
95,0		2865	0,02	
100,0		3015	0,04	
101,0		3045	0,07	
102,1		3080	—	plötzliche Ausknickung
73,2		2210	4,4	entlastet
60,0		1810	3,95	
50,0		1510	3,75	
40,0		1205	3,5	
30,0		905	3,3	
20,0		605	3,1	
10,0		300	2,9	
2,5		75	2,7	

Zahlentafel 20.

Stab Nr. 11. $L = 280$ mm, $F = 30{,}0 \times 18{,}1 = 543$ qmm, $\frac{L}{t} = 53{,}6$.

Manometer at	Belastung kg	Spannung kg/qcm	Ausbiegung mm	Bemerkungen
2,5	750	140	—	
40,0	12070	2225	0,01	
50,0	15090	2780	0,02	
55,0	16000	3055	0,03	
56,0	16910	3110	0,035	
56,5	17060	3140	0,05	
57,0	17210	3165	0,18	Zeiger läuft
46,25	13960	2570	2,15	
45,6	13580	2500	2,75	
42,5	12820	2360	3,7	
40,0	12070	2225	5,05	
37,5	11310	2085	6,1	
35,0	10560	1945	7,3	
32,5	9800	1805	8,8	
30,0	9050	1665	10,3	entlastet
20,0	6030	1110	9,5	
10,0	3020	555	8,7	
2,5	750	140	8,0	

theoretisch ermittelten Kurven. (Eine auffallende Ausnahme wird nur durch Stab 12b gebildet.)

b) Nachdem die Höchstlast erreicht wurde, trat bei den meisten Stäben eine ganz plötzliche Ausknickung ein, so daß Manometer und Rollenapparat einen kräftigen Ruck erhielten. In Fig. 28, welche den Verlauf einiger dieser Versuche veranschaulicht, ist das Sinken der Last durch gestrichelte Linien angedeutet. Dies ist dadurch zu erklären, daß das Gleichgewicht im Gesamtsysteme Pumpe + Festigkeitsmaschine + Stab labil wird. Um sich den Vorgang klar zu machen, betrachte man das Kräftespiel in der Maschine in seiner Abhängigkeit von der Annäherung der beiden Schneidenlager. Die letztere ist gleich dem Kolbenwege vermindert um die

Zahlentafel 21.

Stab Nr. 12a). $L = 348$ mm, $F = 40{,}05 \times 25{,}1 = 1004$ qmm, $\frac{L}{i} = 48{,}2$.

Manometer at	Belastung kg	Spannung kg/qcm	Ausbiegung mm	Bemerkungen
5,0	die Belastung beträgt stets das 10 fache der Spannung	150	—	
40,0		1205	0,01	
60,0		1810	0,025	
80,0		2414	0,035	
90,0		2715	0,04	
100,0		3015	0,075	
101,0		3045	0,115	
102,0		3080	—	Zeiger läuft
87,5		2640	2,6	entlastet
80,0		2415	2,5	
60,0		1810	2,3	
40,0		1205	2,1	
20,0		605	1,9	
5,0		150	1,75	
30,0		905	1,95	
50,0		1510	2,0	
70,0		2110	2,1	
87,6		2645	—	zweite Höchstlast

Zahlentafel 22.

Stab Nr. 12b). $L = 348$ mm, $F = 25{,}05 \times 40{,}1 = 1004$ qmm, $\frac{L}{i} = 48{,}2$.

Manometer at	Belastung kg	Spannung kg/qcm	Ausbiegung mm	Bemerkungen
5,0	die Belastung beträgt stets das 10 fache der Spannung	150	—	
60,0		1810	0,01	
80,0		2415	0,02	
90,0		2715	0,04	
95,0		2865	0,10	
96,0		2895	0,14	
97,0		2925	0,17	
98,0		2960	—	plötzliche Ausknickung
84,5		2550	1,95	entlastet
70,0		2110	1,85	
60,0		1810	1,77	
50,0		1510	1,70	
40,0		1205	1,63	
30,0		905	1,56	
20,0		605	1,48	
10,0		300	1,40	
5,0		150	1,36	

Zahlentafel 23.

Stab Nr. 13. $L = 247$ mm, $F = 30{,}0 \times 18{,}1 = 543$ qmm, $\frac{L}{i} = 47{,}3$.

Manometer at	Belastung kg	Spannung kg/qcm	Ausbiegung mm	Bemerkungen
2,5	die Belastung beträgt stets das 10 fache der Spannung	140	—	
40,0		2225	0,01	
45,0		2500	0,02	
50,0		2780	0,03	
52,5		2920	0,04	
53,5		2975	0,05	
54,0		3000	0,07	
54,5		3030	0,13	
55,0		3060	0,38	Zeiger läuft
48,5		2695	1,2	
45,0		2500	1,9	
42,5		2360	4,15	
40,0		2225	5,5	
35,0		1945	8,1	
30,0		1665	11,3	entlastet
20,0		1110	10,6	
10,0		555	9,9	
2,5		140	9,3	

Federung der Maschine, welche sich im wesentlichen aus der Streckung der Säulen und der Durchbiegung des Querbalkens zusammensetzt. Diese Federung kann als der Kraft proportional angenommen werden, welche auf den Stab ausgeübt wird. In Fig. 29 sei auf die x-Achse der Kolbenweg, auf die y-Achse die Kraft aufgetragen; die Zustände der Maschine, die je ein und derselben Wassermenge im Kolben entsprechen, werden dann durch parallele, schiefe Geraden $(\overline{BP})$ dargestellt.

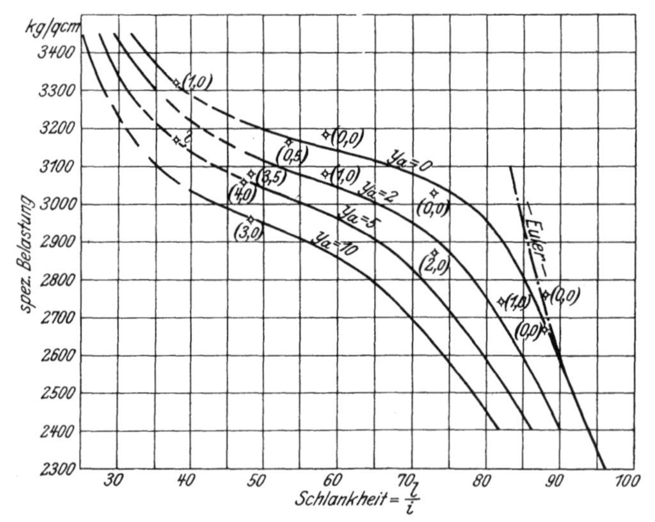

Fig. 27. Einfluß des exzentrischen Kraftangriffes.

Anderseits entspricht den Verkürzungen des Probestabes ein bestimmter Kraftverlauf, der als Funktion dieser Verkürzung durch die Linie $\overline{AP_k}$ dargestellt ist. Die Schnittpunkte dieser Kurve mit den parallelen Geraden bestimmen die nacheinander folgenden Gleichgewichtzustände des Gesamtsystems. Da nun nach Ueberschreitung der Höchstlast P_k die Kurve rasch fällt, so kommt man zu einem Punkte P', wo sie durch eine der parallelen Geraden berührt wird. In diesem Punkte findet ein plötzlicher Gleichgewichtwechsel statt, indem die Last rasch zurückgeht, bis im Punkte P'' wieder eine stabile Gleichgewichtslage erreicht wird.

C) Versuche mit kurzen Stäben.

Die Ergebnisse der mit den kurzen Stäben 14a bis 17 durchgeführten Versuche werden in den Zahlentafeln 24 bis 29 wiedergegeben.

Bei dieser letzten Gruppe von Versuchen ist hauptsächlich das Verhalten des Stabes in der Nähe der Fließgrenze von Bedeutung. Die Fließgrenze bildet eigentlich stets einen Anlaß zur Labilität, da $\frac{d\sigma}{d\varepsilon}$ außerordentlich klein wird. Diese Labilität ist jedoch nur vorübergehend, da der Stoff bald wieder eine »Festigung« erfährt, so daß der Stab fähig wird, größere Lasten zu tragen. Dies tritt bei einzelnen

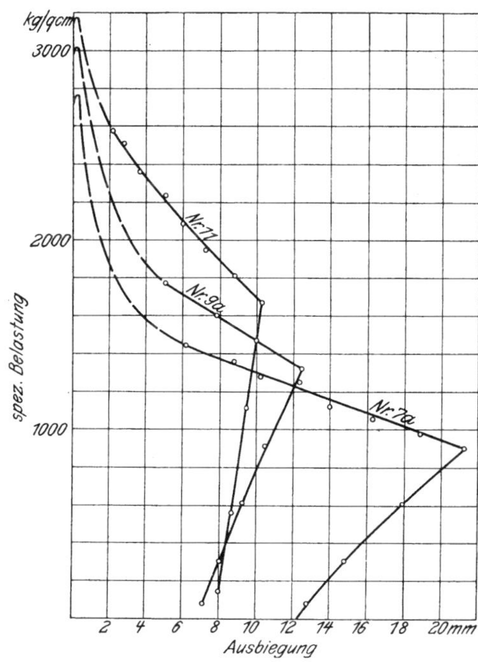

Fig. 28. Verlauf der Versuche in der Gruppe B.

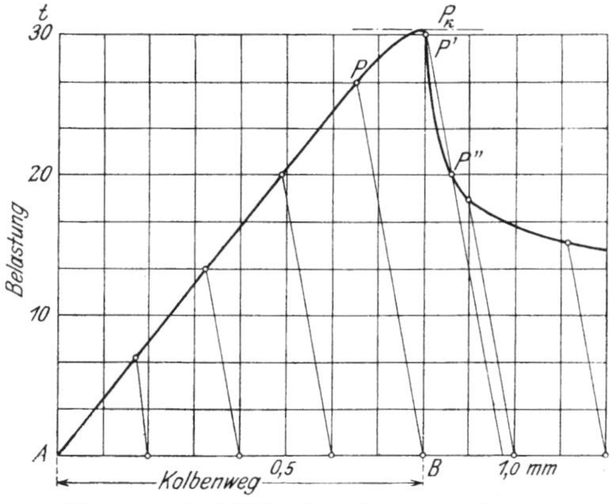

Fig. 29. Labilität des Gleichgewichtes.

Versuchen sehr klar zum Vorschein. So liegt z. B. bei Stab Nr. 16 (siehe Fig. 30) die endgültige Knicklast bedeutend höher als die Fließgrenze, obwohl der Stab schon an der Fließgrenze eine beträchtliche Ausbiegung erlitt.

Bei der Anwendung unserer Knickformel scheint der Umstand Schwierigkeiten zu bereiten, daß der Verlauf der Spannungskurve oberhalb der Fließgrenze bekanntlich von zeitlichen Einflüssen (Geschwindigkeit der Belastung usw.) beeinträchtigt wird. Die Druckversuche waren grundsätzlich in der Weise durchgeführt, daß man nach gewissen Belastungsstufen mit dem Pumpen aufhörte, die Last etwas zurückgehen ließ und der Deformation die sich so einstellende Belastung zuschrieb. Dieses Verfahren führt zu dem Diagramme der sogenannten »unendlich langsamen Belastung«. Um eine Vorstellung über den Einfluß der Belastungsgeschwindigkeit zu gewinnen, machte ich zwei Druckversuche mit verschiedenen Geschwindigkeiten, wobei der Stab in dem ersten Falle rascher, in dem zweiten langsamer belastet wurde,

Zahlentafel 24.

Stab Nr. 14a). $L = 278$ mm, $F = 40{,}0 \times 25{,}1 = 1004$ qmm, $\frac{L}{i} = 38{,}2$.

Manometer at	Spannung kg/qcm	Ausbiegung mm	Bemerkungen
5,0	150	—	
30,0	905	—	
60,0	1810	−0,01	
90,0	2715	−0,02	
100,0	3015	−0,02	
102,5	3095	+0,10	plötzliche Ausbiegung nach der
105,0	3170	+0,14	entgegengesetzten Richtung
96,0	2895	1,22	entlastet
90,0	2715	1,20	
70,0	2110	1,15	
50,0	1510	1,10	
30,0	905	1,05	
5,0	150	0,95	

Zahlentafel 25.

Stab Nr. 14b). $L = 278$ mm, $F = 40{,}05 \times 25{,}1 = 1005$ qmm, $\frac{L}{i} = 38{,}2$.

Manometer at	Spannung kg/qcm	Ausbiegung mm	Bemerkungen
5,0	150	—	
50,0	1510	—	
70,0	2110	0,01	
90,0	2715	0,02	
100,0	3015	0,035	
105,0	3170	0,04	
107,5	3245	0,05	
110,0	3320	0,14	Zeiger läuft
90,5	2730	3,8	entlastet
70,0	2110	3,6	
50,0	1510	3,35	
30,0	905	3,1	
10,0	300	2,8	
30,0	905	3,0	
20,0	1510	3,2	
70,0	2110	3,45	
80,0	2415	3,6	
90,0	2715	3,85	zweite Höchstlast bei 92 at

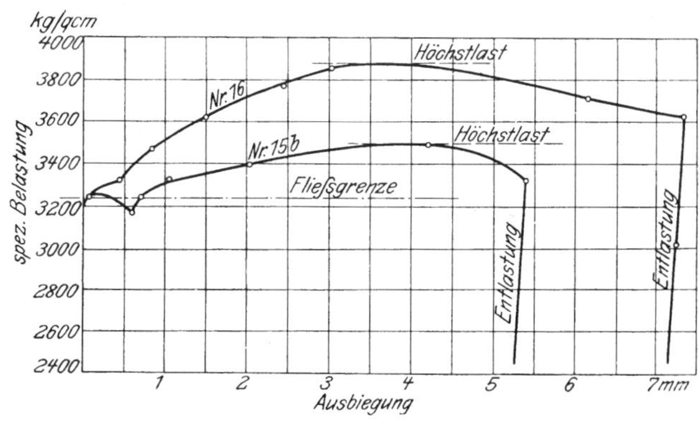

Fig. 30. Ueberschreiten der Fließgrenze bei Knickversuchen (Gruppe C).

Zahlentafel 26.

Stab Nr. 15a). $L = 208$ mm, $F = 40{,}1 \times 25{,}1 = 1004$ qmm, $\frac{L}{i} = 28{,}8$.

Manometer at	Spannung kg/qcm	Ausbiegung mm	Bemerkungen
5,0	150	—	
50,0	1510	0,01	
70,0	2110	0,02	
90,0	2715	0,04	
100,0	3015	0,05	
105,0	3170	0,06	
107,5	3240	0,07	
110,0	3320	0,12	Zeiger läuft
112,5	3395	2,8	
113,6	—	2,85	Höchstlast; — entlastet
100,0	3015	2,8	
60,0	1810	2,65	
20,0	605	2,45	
5,0	75	2,35	

Zahlentafel 27.

Stab Nr. 15b). $L = 208$ mm, $F = 40{.}05 \times 25{,}1 = 1005$ qmm, $\frac{L}{i} = 28{,}8$.

Manometer at	Spannung kg/qcm	Ausbiegung mm	Bemerkungen
5,0	150	—^{2}	
40,0	1205	$0{,}0^{2}$	
100,0	3020	$0{,}0^{3}$	
105,0	3170	$0{,}0^{6}$	
107,5	3245	0,0	
108,5	3260	—	Zeiger läuft, die Last sinkt
105,0	3170	0,60	
107,5	3245	0,70	Last steigt
110,0	3320	1,05	
112,5	3395	2,05	
115,5	3485	4,2	
110,0	3320	5,4	entlastet
100,0	3015	5,35	
60,0	1810	5,15	
20,0	605	4,75	
2,5	75	4,5	

als bei den Knickversuchen. Ich erhielt dabei Kurven, die wohl voneinander verschieden sind, jedoch ungefähr parallel verlaufen, so daß man sie als etwa durch Verschiebung auseinander entstanden denken kann. Da aber in unserer Formel nur die Neigung der Tangente $\frac{d\sigma}{d\varepsilon}$ als Funktion der Spannung eine Rolle spielt, so dürfte dieser Einfluß hier unwesentlich sein.

Andererseits müßte die einfache Knickformel aus dem Grunde eine Berichtigung erfahren, daß bei so kurzen Stäben der »Einfluß der Schubspannungen« auf die Biegungslinie sehr merklich wird. Dieser Einfluß, welcher die theoretische Knicklast sicher vermindert, kann bei unseren allerkürzesten Stäben auf etwa 5 bis 6 vH geschätzt werden. Da wir jedoch zur Berücksichtigung der Schubspannungen bei Formänderungen oberhalb der Elastizitätsgrenze keine richtige Grundlage besitzen, so glaubte ich davon absehen zu dürfen. Es sei jedoch bemerkt, daß die Uebereinstimmung zwischen unserer Theorie und den Versuchen mit Berücksichtigung dieses Umstandes nur verbessert wird.

Zahlentafel 28.

Stab Nr. 16. $L = 179$ mm, $F = 40{,}0 \times 25{,}0 = 1000$ qmm, $\frac{L}{i} = 24{,}8$.

Manometer at	Spannung kg/qcm	Ausbiegung mm	Bemerkungen
5,0	150	—	
50,0	1510	—	
70,0	2110	−0,03	
90,0	2715	−0,04	
100,0	3015	+0,06	
110,0	3320	0,45	
115,0	3470	0,85	
120,0	3620	1,50	
125,0	3775	2,45	
127,5	3850	3,05	
129,0	3890	—	Zeiger läuft
125,5	3700	6.15	
120,0	3620	7,35	entlastet
100,0	3015	7,25	
50,0	1510	7,00	
5,0	150	6,65	

Zahlentafel 29.

Stab Nr. 17. $L = 159$ mm, $F = 40{,}0 \times 25{,}0 = 1000$ qmm, $\frac{L}{i} = 22{,}0$.

Manometer at	Spannung kg/qcm	Ausbiegung mm	Bemerkungen
5,0	150	—	
50,0	1510	—	
75,0	2265	—	
100,0	3015	0,01	
110,0	3320	0,09	
115,0	3470	0,44	
120,0	3620	0,74	
125,0	3775	1,04	
130,0	3925	1,44	
135,0	4075	2,04	
140,0	4225	2,85	
143,5	4330	5,05	Höchstlast
132,5	4000	6,55	

Der weitere Verlauf des Knickungsvorganges nach der Ueberschreitung der Knicklast ähnelt insofern dem Verlaufe bei sehr schlanken Stäben, daß keine plötzliche Lastverminderung eintritt. Dies ist dadurch erklärt, daß die Spannungskurve oberhalb der Fließgrenze eine sanfte Krümmung besitzt, so daß das Formänderungsgesetz in engen Bereichen der einfachen Proportionalität wieder näher kommt. So findet man auch, daß die Knicklast wieder sehr stark mit Abnahme der Schlankheit zuzunehmen beginnt, wie dies in dem elastischen Bereiche der Fall war. Freilich zeigt der ganze Vorgang nichts weniger als elastischen Charakter; vielmehr sind die federnden Formänderungen äußerst gering im Verhältnis zu den bleibenden. Die ausgebogenen Stäbe behalten eine starke Krümmung hauptsächlich um die Mitte, während die Enden fast gerade bleiben.

IV. Die praktischen Folgerungen der Knickungstheorie und der Knickversuche.

1) Die Knickungsfrage war lange Zeit ein wunder Punkt der praktischen Festigkeitslehre; die Praxis fordert bestimmte Vorschriften für die Maßbestimmung von Konstruktionsteilen, die der Knickgefahr ausgesetzt werden können. Diese schienen nun durch die Eulersche Theorie nicht geliefert werden zu können; die Versuche ergaben selbst für sehr lange Stäbe stark abweichende Werte, außerdem brauchte man Angaben für die Grenze, wo die Eulersche Theorie ihre Gültigkeit vollkommen verliert. Infolgedessen wurde die theoretische Formel von Praktikern bis zu den letzten Jahrzehnten kaum benutzt; man bediente sich vielmehr empirischer Formeln, die sich den Versuchswerten mehr oder weniger anpassen ließen.

Der Grund der Unstimmigkeiten war vor allem der, daß die Voraussetzungen der Theorie (freie Beweglichkeit der Stabenden in dem ersten, starre Einspannung in dem zweiten Eulerschen Falle) bei den Versuchen nicht erfüllt waren. Die Knickstäbe wurden einfach zwischen parallelen Druckflächen zusammengedrückt, was augenscheinlich ein Mittelding zwischen den beiden theoretisch betrachteten Fällen bildet. Bauschinger war der erste, der die Stäbe zwischen Spitzen lagerte, und er fand auch die Eulersche Theorie für sehr lange Stäbe im großen und ganzen bestätigt.

In den folgenden Zeilen sind einige der wichtigsten empirischen Formeln zusammengestellt:

1) Hodgkinson [1]) suchte die Knickfestigkeit durch Stäbe mit gleichen Querschnitten durch eine Formel von der Form

$$P = \frac{C}{l^m}$$

darzustellen. Er fand z. B. für kreisförmige Säulen mit dem Durchmesser d (P, d, l im englischen Maße ausgedrückt)

$$\text{bei Gußeisen} \quad P = 1320 \, \frac{d^{3,76}}{l^{1,7}}$$

$$\text{» Schmiedeisen} \quad P = 21\,098 \, \frac{d^{3,76}}{l^2} \, .$$

Seine Angaben findet man noch manchmal in englischen Lehrbüchern.

2) Die früher am meisten gebrauchte empirische Formel war die Rankinesche (auch nach Gordon, Navier und Schwarz benannt). Danach ist die Knickspannung

[1]) Phil. Transactions of Roy. Soc. S. 385.

$$\sigma_k = \frac{P}{F} = \frac{\sigma_m}{1 + \beta\left(\frac{l}{i}\right)^2},$$

wo σ_m die Zerdrückungsfestigkeit des Stoffes, β eine aus den Versuchen zu ermittelnde Konstante bezeichnet. Man hat versucht, dieser empirischen Formel eine gewisse Begründung zu geben[1]. Sie soll danach die größte Spannung in den äußeren Fasern eines durch exzentrischen Druck beanspruchten Stabes ausdrücken; allerdings gilt die Ableitung nur für Stäbe mit ähnlichen Querschnitten und ist nicht frei von willkürlichen Annahmen.

Die Rankinesche Formel wurde für alle Werte von $\frac{l}{i}$ einheitlich benutzt. Später schlug Bauschinger[2] vor, ihre Gültigkeit auf den Bereich zu beschränken, über den die Eulersche Theorie nichts auszusagen vermochte, und für sehr lange Stäbe die Eulersche Formel zu benutzen, die er bestätigt fand. Allerdings kommen noch bei Bauschingers Versuchen Abweichungen von 20 bis 30 vH vor. Tetmajers sehr sorgfältig durchgeführte Versuche ergaben für schlanke Stäbe Abweichungen bis etwa 10 bis 12 vH von der Eulerschen Theorie; für kürzere Stäbe findet er die Rankinesche Formel nicht gut brauchbar, da die aus den Versuchen ermittelten Werte der Konstante zu sehr schwanken. (Näheres über seine empirischen Formeln Punkt 4.)

Unsre Versuche zeigen einerseits eine noch weit genauere Uebereinstimmung mit der Eulerschen Formel (1 bis 2 vH), anderseits scheint die Rankinesche Formel, wenigstens für diesen Stoff höchstens als eine ganz rohe Annäherung in Betracht kommen zu können.

3) Statt der Rankineschen Formel schlug J. B. Johnson[3] eine Parabelformel von der Gestalt

$$\sigma_k = \alpha - \beta\left(\frac{l}{i}\right)^2$$

vor. Diese Formel, in welcher die eine Konstante dadurch bestimmt wird, daß die Kurve die Eulersche Hyperbel berühren soll, wurde von Ostenfeld[4] genauer untersucht, und er fand sie namentlich für schmiedbare Eisensorten recht brauchbar.

4) Heutzutage sind in der Praxis am meisten die Tetmajerschen[5] empirischen Formeln verbreitet, einmal wegen ihrer einfachen Form, andererseits weil sie durch sehr zahlreiche Versuche begründet sind. Die Ergebnisse dieser Versuche sollen, da sie in einigen Punkten von unsern Versuchen abweichen, hier näher besprochen werden.

Tetmajers Versuche beziehen sich auf verschiedene Stoffgruppen, so daß die Versuche mit Stäben von verschiedenster Form und Herkunft in Gruppen wie »Schmiedeeisen«, »Flußeisen«, »Gußeisen« und »Bauholz« zusammengefaßt werden. Dies mag in praktischer Hinsicht zweckmäßig erscheinen, es verwischt jedoch leicht die feineren Gesetzmäßigkeiten. Zum Vergleiche mit unsern Versuchen kommen hauptsächlich die Versuche mit schmiedbaren Eisensorten in Betracht. Bei diesen Stoffen werden die Versuchsergebnisse für den unelastischen Bereich in Formeln von der Form

---

[1] Vergl. Rankine, A manual of applied mechanics (1858). London S. 360.

[2] Bauschinger, Mitteilungen aus dem mech.-techn. Laboratorium der Techn. Hochschule München. Heft 15 (1887).

[3] Johnson, Modern frame structures. New York 1894 S. 148.

[4] A. Ostenfeld, Exzentrische und zentrische Knickfestigkeit mit besonderer Berücksichtigung der für schmiedbares Eisen vorliegenden Versuchsergebnisse. Zeitschrift des Vereines deutscher Ingenieure 1898 S. 1462. Ferner dieselbe Zeitschrift 1902 S. 1858.

[5] v. Tetmajer, Die Gesetze der Knickfestigkeit usw. Wien 1903 3. Aufl.

$$\sigma_k = \alpha - \beta \left(\frac{l}{i}\right)$$

zusammengefaßt (Tetmajersche Gerade). Die weit größere Streuung der Versuchswerte scheint darauf hinzuweisen, daß bei Tetmajer die Versuchseinrichtung weniger günstig gewählt war. Zunächst scheint die Spitzenlagerung mehr Reibung zu geben als die Schneidenlagerung, da die Spitzen sich in die Pfanne eindrücken und somit die freie Beweglichkeit einigermaßen verhindern. Daß die Gruppenmittelpunkte Tetmajers, trotzdem bei den einzelnen Versuchen Abweichungen über 15 vH hinaus vorkommen, doch ziemlich genau der Eulerschen Hyperbel folgen, ist dadurch zu erklären, daß die beiden Fehlerquellen — Reibung in den Spitzen und ungenaue Zentrierung — das Ergebnis in dem entgegengesetzten Sinne beeinflussen. Bei kürzeren Stäben scheint aber die letztere Fehlerquelle, wie es auch bei unsern Versuchen der Fall war und auch theoretisch zu erwarten ist, mehr zur Geltung zu kommen. Es mag dadurch erklärt werden, daß

a) Tetmajer den Punkt, wo die Gültigkeit der Eulerschen Formel aufhört, etwas unterhalb der Proportionalitätsgrenze findet. So bestimmt er die Proportionalitätsgrenze seiner Flußeisensorten aus Versuchen mit 6 Probestäben zu

2350 kg/qcm	2630 kg/qcm
2510 »	2420 »
2300 »	2440 »

im Mittel zu 2440 kg/qcm; dagegen beträgt die Knickspannung für $\frac{l}{i} = 105$, wo die Gültigkeit der Eulerschen Formel aufhören soll, nur 1930 kg/qcm.

b) Tetmajer konnte das starke Anwachsen der Knickfestigkeit oberhalb der Fließgrenze nicht feststellen. Wir erwähnten, daß die Fließgrenze stets einen Anlaß zur Labilität gibt; ist nun die anfängliche Exzentrizität zu groß, so kann es vorkommen, daß der Stab dieser Labilität erliegt, so daß die Belastung kaum über die Fließgrenze steigen kann. Aus diesen Ueberlegungen geht jedoch hervor, daß die Extrapolation für $\frac{l}{i} = 0$, wodurch Tetmajer »zu einer Art Druckfestigkeit« gelangt, welche von der sogenannten »Würfelfestigkeit« verschieden ist, kaum einen richtigen Sinn hat. Die Knickfestigkeit gut zentrierter Stäbe geht sicher für sehr kleine Werte von $\frac{l}{i} = 0$ in die Würfelfestigkeit über, wenn man von dem bei plastischen Materialien sehr kleinen Einfluß der Einspannflächen auf die Ausbildung des Spannungszustandes absieht.

Infolge dieser Umstände bleibt die Tetmajersche Gerade wohl stets unter der wirklichen Knicklast, so daß sie stets eine etwas höhere Sicherheit bietet als die theoretische Formel. Dies ist ein Ergebnis, welches wohl dazu beitragen kann, den Tetmajerschen Formeln in der Praxis den Vorrang zu geben.

Außer diesen empirischen Vorschriften hat man oft versucht, der Maßberechnung gegen Knickung theoretische Grundlagen zu geben, auch wo dies die Eulersche Theorie nicht mehr leistet. Es sind dabei zwei Wege möglich. Entweder will man die zentrische Knickfestigkeit theoretisch ableiten, etwa wie wir es versucht haben, oder aber die Höchstlast für den Fall exzentrischen Kraftangriffes berechnen.

Für die erste Aufgabe kommen insbesonders Engessers[1]) Arbeiten in Betracht. Engesser führt in die Eulersche Formel statt des Elastizitätsmoduls E einen

[1]) Engesser, Zeitschr. d. Hannov. Ing.- u. Arch.-Ver. 1889 S. 455; ferner Schweiz. Bauztg. 1895 Bd. 26 S. 24 und Zeitschrift des Vereines deutscher Ingenieure 1898 S. 927.

Knickmodul T ein und setzte zuerst $T = \frac{d\sigma}{d\varepsilon}$, d. h. gleich unserm Werte M_1. Später haben Considere (in der S. 4 erwähnten Arbeit) und Jasinsky[1]) darauf hingewiesen, daß sich die entlasteten äußeren Fasern anders verhalten als die inneren, in welchen die Spannung zunimmt, worauf Engesser den Weg zur richtigen Lösung angab. Da der resultierende Modul M stets größer ist als M_1, so erhält man nach EngessersVerfahren kleinere Werte für die Knicklast. Der Vergleich mit den Versuchswerten fällt zugunsten der theoretischen Formel aus, besonders wenn man bedenkt, daß diese eine obere Grenze angeben soll[2]).

Engesser legt in seiner ersten Arbeit mangels zuversichtlicher Versuche seinen Berechnungen eine annehmbare Form der Spannungskurve zugrunde und erhält für die Abhängigkeit der Knickspannung von der Schlankheit zwei Geraden, von denen die eine sich an die Eulersche Hyperbel anschließt, die andere wagerecht verläuft. Später verzichtete er auf die unmittelbare Ermittlung des Knickmoduls und berechnete ihn rückwärts aus den Tetmajerschen Formeln, wodurch diese empirischen Formeln — mit einiger Wahrscheinlichkeit — auf verwickeltere Fälle übertragen werden können.

Das zweite Verfahren — Berechnungen der exzentrischen Knickfestigkeit — wird z. B. von Ostenfeld[3]), Kirsch[4]) entwickelt und teilweise auch von Föppl[5]) angenommen; der letztere gibt jedoch für praktische Zwecke den rein empirischen Formeln den Vorzug. Es kommt bei all diesen Berechnungen stets darauf an, die größte Spannung zu ermitteln, welche bei der gegebenen Belastung infolge einer unvermeidlichen — etwa durch Montierungsfehler entstandenen — Exzentrizität des Kraftangriffes auftritt, und die Stababmessungen so zu bestimmen, daß die Spannung unter einer gewissen Grenze bleibt. Die so gewonnenen Formeln sind nicht sehr einfach, außerdem aber liegt eine große Unbestimmtheit in der Abschätzung der anfänglichen Exzentrizität, über die keine Angaben bekannt sind. Auch sind diese Formeln nur so weit richtig, als die höchste Spannung die Proportionalitätsgrenze nicht überschreitet. Wenn Ostenfeld seine Formel zum Vergleich mit Knickversuchen von verschiedenen Autoren heranzieht, so bemerkt er selbst, daß sie in diesem Fall als eine »empirische Formel« zu betrachten sei, deren Koeffizienten aus den Versuchswerten zu ermitteln seien. Ich will noch im allgemeinen über diese Formeln, die von der Berechnung der höchsten Span-

---

[1]) Jasinsky, Schweiz. Bauzeitung 25 (1895) S. 172.

[2]) Entscheidend scheinen für diese Frage die Versuche mit sehr kurzen Stäben zu sein, da, wie Fig. 19 lehrt, M destomehr von M_1 abweicht, je kleiner M_1 selbst ist. Einen Vergleich soll folgende Zusammenstellung gewähren, wo zu den beobachteten Knickspannuugen die nach unsrer Formel und nach Engesser berechneten Werte angegeben sind:

Schlankheit	beobachtete Knick-spannung	Knickspannungen berechnet	
		mit $T = M$	mit $T = M_1$
73,0	3030	3055	3015
58,5	3130	3150	3100
53,5	3165	3175	3115
38,8	3320	3315	3170
28,8	3485	3620	3240
24,8	3890	4100	3300

[3]) Ostenfeld, l. c.

[4]) B. Kirsch, Ergebnisse von Versuchen über die Tragfähigkeit von Säulen mit eingespannten Enden. Zeitschrift des Vereines deutscher Ingenieure 1905 S. 967.

[5]) Föppl, Vorlesungen über technische Mechanik, Band III S. 348 u. ff.

nung ausgehen, das bemerken, daß es als Sicherheit nicht genügt, wenn diese — (aus dem reinen Druck und der Biegung sich zusammensetzende) — höchste Spannung den für reinen Druck zulässigen Wert nicht überschreitet. Es ist vielmehr das Richtige — da Spannung und Belastung in diesem Falle nicht proportional wachsen — die gefährliche Belastung selbst, d. h. jene Kraft, welche die gefährliche Spannung (etwa Streckgrenze oder Bruchgrenze) hervorruft, durch den entsprechenden Sicherheitsfaktor zu dividieren.

Auf Grund der angeführten Ueberlegungen erscheint als sicherster und einfachster Weg — wenigstens solange wir über die unberechenbaren Einflüsse, welche in den Sicherheitsfaktor zusammengefaßt werden sollen, keine weiteren Angaben besitzen —, wenn wir die zentrische Knickfestigkeit berechnen und einen gewissen Bruchteil davon als zulässige Belastung einführen. Dabei wäre es gewiß sehr vorteilhaft, darüber Angaben zu sammeln, welcher Grad der Genauigkeit bezüglich Zentrierung der Kraftrichtung bei einzelnen Konstruktionsteilen und Bauarten zu erwarten sei, um wenigstens den Sicherheitsfaktor entsprechend wählen zu können.

Für die zentrische Knickfestigkeit ist nun zu sagen, daß sie für lange Stäbe durch die Eulersche Formel, für kürzere Stäbe durch unsre erweiterte Formel ziemlich genau angegeben wird, sobald man den Verlauf des Spannungsdiagrammes bei dem einfachen Druckversuche kennt. Die Grenze der Gültigkeit der Eulerschen Formel ist hierbei da, wo die Knickspannung der Proportionalitätsgrenze gleich kommt.

Praktisch wichtig ist noch die Frage, wie weit man die zulässige Beanspruchung erhöhen darf, falls die Enden des gedrückten Stabes als eingespannt betrachtet werden können (zweiter Eulerscher Fall). Die Eulersche Theorie liefert für diesen Fall die vierfache Knickfestigkeit

$$P_k = 4\pi^2 \frac{JE}{l^2}$$

oder für die Spannung

$$\sigma_k = 4\pi^2 \frac{E}{\left(\frac{l}{i}\right)^2}.$$

Es ist einleuchtend, daß wir auch in diesem Falle E durch unsern Modul M ersetzen können. Nun stehen aber M und σ_k in funktioneller Beziehung, so daß es keineswegs folgt, daß σ_k dabei auf das Vierfache erhöht wird; es bleibt vielmehr richtig, daß demselben Werte von σ_k die zweifache Stablänge entspricht. Unsre Formel für die Knickfestigkeit von Stäben mit drehbaren Enden kann daher auch auf Stäbe mit eingespannten Enden angewandt werden, falls man als freie Länge die Hälfte der Stablänge einführt. Berechnet man aber in solcher Weise das Verhältnis der beiden Knicklasten für einen und denselben Stab, so wird dies bei dem verwendeten Stoff für

$\frac{l}{i} =$	$\frac{\sigma_k(2)}{\sigma_k(1)} =$
150	3,16
100	1,51
50	1,29

betragen.

Für die Praxis folgt daraus, daß durch die Einspannung der Stabenden die Knickfestigkeit — außer bei sehr langen Stäben — nicht sehr wesentlich erhöht wird.

Zusammenfassung der Ergebnisse.

1) Die Eulersche theoretische Formel ist bei sehr schlanken Stäben, bei denen die Knickspannung unterhalb der Proportionalitätsgrenze des verwendeten Stoffes liegt, sehr genau erfüllt, falls man die theoretischen Voraussetzungen durch geeignete Versuchseinrichtung zu verwirklichen sucht.

2) Für kürzere oder dickere Stäbe gilt eine ganz ähnlich gebaute Formel, in welcher der Elastizitätsmodul durch einen Mittelwert zwischen dem Modul der gesamten und der elastischen Formänderungen ersetzt ist. Die Art, nach der dieser Mittelwert zu bilden ist, hängt im allgemeinen von der Querschnittform ab.

3) Die Knickfestigkeit wird durch geringe Exzentrizität des Kraftangriffes bei sehr schlanken Stäben nicht beträchtlich beeinflußt, dagegen wird sie bei kürzeren Stäben schon durch äußerst geringe Exzentrizitäten bedeutend vermindert.

4) Die Tetmajerschen Geraden für schmiedbares Eisen verlaufen unterhalb der Linie der idealen Knickfestigkeit, so daß sie stets eine etwas größere Sicherheit bieten als die theoretische Formel.

5) Durch starre Einspannung der Stabenden kann nur bei sehr schlanken Stäben eine bedeutende Erhöhung der Knickfestigkeit erzielt werden, nicht aber bei dickeren.

Heft 22.

Bach: Versuche über den Gleitwiderstand einbetonierten Eisens.
Klein: Ueber freigehende Pumpenventile.
Fuchs: Der Wärmeübergang und seine Verschiedenheiten innerhalb einer Dampfkesselheizfläche.

Heft 23.

Baum und **Hoffmann:** Versuche an Wasserhaltungen (Dampfwasserhaltung der Zeche Victor, hydraulische Wasserhaltung der Zeche Dannenbaum, Schacht II, und elektrische Wasserhaltungen der Zechen Victor, A. von Hansemann und Mansfeld).

Heft 24.

Klemperer: Versuche über den ökonomischen Einfluß der Kompression bei Dampfmaschinen.
Bach: Versuche über die Festigkeitseigenschaften von Stahlguß bei gewöhnlicher und höherer Temperatur

Heft 25.

Häußer: Untersuchungen über explosible Leuchtgas-Luftgemische.
Föttinger: Effektive Maschinenleistung und effektives Drehmoment, und deren experimentelle Bestimmung (mit besonderer Berücksichtigung großer Schiffsmaschinen).

Heft 26 und 27.

Roser: Die Prüfung der Indikatorfedern.
Wiebe und **Schwirkus:** Beiträge zur Prüfung von Indikatorfedern.
Staus: Einfluß der Wärme auf die Indikatorfeder.
Schwirkus: Ueber die Prüfung von Indikatorfedern.
—, Auf Zug beanspruchte Indikatorfedern.

Heft 28.

Loewenherz und **van der Hoop:** Wirbelstromverluste im Ankerkupfer elektrischer Maschinen.
Bach: Versuche über die Festigkeitseigenschaften von Flußeisenblechen bei gewöhnlicher und höherer Temperatur (hierzu Tafel 1 bis 4).

Heft 29.

Bach: Druckversuche mit Eisenbetonkörpern.
—, Die Aenderung der Zähigkeit von Kesselblechen mit Zunahme der Festigkeit.
—, Zur Kenntnis der Streckgrenze.
—, Zur Abhängigkeit der Bruchdehnung von der Meßlänge.
—, Versuche über die Verschiedenheit der Elastizität von Fox- und Morison-Wellrohren.

Heft 30.

Berg: Die Wirkungsweise federbelasteter Pumpenventile und ihre Berechnung.
Richter: Das Verhalten überhitzten Wasserdampfes in der Kolbenmaschine.

Heft 31.

Bach: Versuche zur Ermittlung der Durchbiegung und der Widerstandsfähigkeit von Scheibenkolben.
Stribek: Warmzerreißversuche mit Durana-Gußmetall. Gesichtspunkte zur Beurteilung der Ergebnisse von Warmzerreißversuchen.
Wendt: Untersuchungen an Gaserzeugern.

Heft 32.

Richter: Thermische Untersuchung an Kompressoren.
v. Studniarski: Ueber die Verteilung der magnetischen Kraftlinien im Anker einer Gleichstrommaschine.

Heft 33.

Wagner: Apparat zur strobographischen Aufzeichnung von Pendeldiagrammen.
Wiebe: Der Temperaturkoeffizient bei Indikatorfedern.
Bach: Versuche über die Elastizität von Flammrohren mit einzelnen Wellen.
—, Die Bildung von Rissen in Kesselblechen.
—, Versuche über die Drehungsfestigkeit von Körpern mit trapezförmigem und dreieckigem Querschnitt.

Heft 34.

Köhler: Die Rohrbruchventile. Untersuchungsergebnisse und Konstruktionsgrundlagen.
Wiebe und **Leman:** Untersuchungen über die Proportionalität der Schreibzeuge bei Indikatoren.

Heft 35 und 36.

Adam: Ueber den Ausfluß von heißem Wasser.
Ott: Untersuchungen zur Frage der Erwärmung elektrischer Maschinen. I. Wärmeleitvermögen der lamellierten Armatur. II. Erwärmungsgleichungen für Feldspulen.
Knoblauch und **Jakob:** Ueber die Abhängigkeit der spezifischen Wärme C_p des Wasserdampfes von Druck und Temperatur.

Heft 37.

Bendemann: Ueber den Ausfluß des Wasserdampfes und über Dampfmengenmessung.
Möller: Untersuchungen an Drucklufthämmern.

Heft 38.

Martens: Die Meßdose als Kraftmesser in der Materialprüfmaschine.

Heft 39

Bach: Versuche mit Eisenbetonbalken. Erster Teil.
—, Versuche mit einbetoniertem Thacher-Eisen.

Heft 40.

Versuche an der Wasserhaltung der Zeche Franziska in Witten.
Grübler: Vergleichende Festigkeitsversuche an Körpern aus Zementmörtel.
Lorenz: Vergleichsversuche an Schiffsschrauben.
—, Die Aenderung der Umlaufzahl und des Wirkungsgrades von Schiffsschrauben mit der Fahrgeschwindigkeit.

Heft 41

Hort: Die Wärmevorgänge beim Längen von Metallen.
Mühlschlegel: Regulierversuche an den Turbinen des Elektrizitätswerkes Gersthofen am Lech.

Heft 42.

Biel: Die Wirkungsweise der Kreiselpumpen und Ventilatoren. Versuchsergebnisse und Betrachtungen.

Heft 43.

Schlesinger: Versuche über die Leistung von Schmirgel- und Karborundumscheiben bei Wasserzuführung.

Heft 44.

Biel: Ueber den Druckhöhenverlust bei der Fortleitung tropfbarer und gasförmiger Flüssigkeiten.

Heft 45 bis 47.

Bach: Versuche mit Eisenbetonbalken. Zweiter Teil.

Heft 48.

Becker: Strömungsvorgänge in ringförmigen Spalten und ihre Beziehungen zum Poiseuilleschen Gesetz.
Pinegin: Versuche über den Zusammenhang von Biegungsfestigkeit und Zugfestigkeit bei Gußeisen.

Heft 49.

Martens: Die Stulpenreibung und der Genauigkeitsgrad der Kraftmessung mittels der hydraulischen Presse.
Wieghardt: Ueber ein neues Verfahren, verwickelte Spannungsverteilungen in elastischen Körpern auf experimentellem Wege zu finden.
Müller: Messung von Gasmengen mit der Drosselscheibe.

Heft 50.

Rötscher: Versuche an einer 2000 pferdigen Riedler-Stumpf-Dampfturbine.

Heft 51 und 52.

Bach: Versuche mit gewölbten Flammrohrböden.

Made in the USA
Las Vegas, NV
12 November 2024